U0115788

香港浸會大學近代史研究中心專刊

明代衛所的歸附軍政研究
——以「山後人」為例

郭嘉輝　著

致謝

一九二〇年，美以美會（Methodist Episcopal Mission）之石美玉（1873-1954）與胡遵理（Jennie V. Hughs, 1874-1951）二人，同至上海建立伯特利教會，藉佈道、醫護、辦學、育孤及文字事工，建立其宣教事業。至一九三〇年更成立「伯特利環遊佈道團」，由計志文（1901-1985）、宋尚節（1901-1944）等領團佈道，足跡遍佈全國，為三〇年代中國宗教復興的一面旗幟。一九三八年因日本侵華，該會神學院及孤兒院南遷香港，繼而內遷貴州。抗戰勝利後，重返上海，終因內戰，於一九四七年再次南移香江。在該會藍如溪（1905-2004）與胡美林（1908-2004）等努力下，於九龍嘉林邊道續辦神學院、中小學幼稚園，並於香港、臺北及多倫多（Toronto）相繼建立教會。發展至今，已然百載，實為華人自立教會中的翹楚，殊值感恩紀念。

香港浸會大學歷史系近代史研究中心，成立於二〇〇二年，中心向以近現代史為研究方向，其中對基督史，尤為關注。歷來已接受香港基督教教會及團體捐獻，研究相關課題。今次荷蒙伯特利教會捐款，資助研究，已為該會之百年史研究立項。二〇二〇年正值香港伯特利教會百年嵩壽之時，中心特予出版專刊五種，包括李金強：《近代中國牧師群體的出現》、郭嘉輝：《明代衛所的歸附軍政研究——以「山後人」為例》、譚家齊：《明中晚期的法律史料與社會問題》、黃嘉康：《近代福建知識分子史論》及周子峰：《近代廈門經濟社會史論叢》。五位作者，均為中心成員，所著亦反映中心之研究方向。故以上述專刊之出版，藉此為該會首開賀慶，以表謝忱之意。

自序

非常感激伯特利教會讓我有機會參與「伯特利教會百年紀念專刊系列」。基督宗教一直致力研究中國的傳統歷史與文化。聖母聖心會（Congregation of the Immaculate Heart of Mary）的司律思神父（Henry Serruys, 1911-1983）自一九三六年來華宣教，先後活躍於華北、內蒙古一帶，直至一九四八年才離開。司神父在內蒙古傳教以來，一生致力於研究蒙古的語言、風俗以至歷史與文化，著有 *The Mongols in China During the Hung-wu period (1368-1398)*（〈洪武時期在中國的蒙古人〉）、*The Mongols and Ming China: Customs and History*（〈明初蒙古習俗的遺存〉）[1]、*Sino-Mongol Relations During the Ming. III. Trade Relations: the Horse Fairs (1400-1600)*（《明蒙關係（III）——貿易關係：馬市（1400-1600）》）[2]等代表著作，乃研究明蒙關係的先驅。[3]本書希望透過「山後人」這一軍籍登記為切入，以檢視元明易代下，明朝是如何處理蒙元多民族帝國崩解下的族群問題，正是在這一研究脈絡下衍生。

而本書的寫作構想源於我在博士班期間，修讀香港科技大學人文學部馬

---

1 Henry Serruys, *The Mongols and Ming China: Customs and History* (London: Variorum Reprints, 1987)。

2 Henry Serruys, *Sino-Mongol Relations During the Ming. III. Trade Relations: the Horse Fairs (1400-1600)* (Bruxelles: L'Institut belge des hautes études Chinoises, 1975)，中譯本為王苗苗譯：《明蒙關係（II）——貿易關係：馬市（1400-1600）》（北京市：中央民族大學出版社，2011年）。

3 關於司律思的生平與著作可參考：Françoise Aubin and Paul L-M. Serruys, "In Memoriam Le R.P. Henry Serruys (Ssu Lu-ssu〔司律思〕), CICM (10 juillet 1911-16 août 1983) Erudit Sino-Monogolisant," *Monumenta Serica,* Vol. 36 (1984-1985), pp. 555-624；David M. Robinson（魯大維）：〈司律思先生的學術遺產〉，《明史研究》第14輯（北京市：中國明史學會，2014年），頁351-354。

健雄教授開設的「Ethnicity in Chinese Context」一科，讓我進一步思考族群問題，特別是「共同的體質、語言、文化特徵，並不是構成一個族群或民族的必要因素，也非構成它們的充分條件」，而維繫族群邊界的族群認同更可透過「歷史記憶」的增刪而有所改變。[4]朱元璋開國之際，中國已經歷蒙元多民族帝國近百年的統治，明朝的建立是否單純的「民族革命」？若是「民族革命」則又如何處理易代下的族群問題？此外，學界近年亦開始強調元明易代並非只有「革命」，而是存在很強的延續性。這些延續的面向與遺留中土的蒙元帝國多元族群臣民又有何關係？雖然這一方面早於上世紀三、四十年代已有張鴻翔、司律思等嘗從外族歸附的角度切入，但這一問題的複雜性似乎仍需努力釐清。過往強調明初以衛所收容故元軍民，但誠如奇文瑛提到「明朝內遷的這些歸附人，官兵家眷人眾數十萬，如此龐大的群體，被安置衛所之後，相關信息在官方文獻中逐漸消失，即使偶見有載，也是史料零散，不得要領」，增加了追蹤他們的難度。正是在這契機下，我在翻閱武職選簿時發現大量關於「山後人」的記載，並與目前學界單純地認為是「蒙古人」或洪武四年北平山後移民的定義有很大出入，則正好為我們揭示明朝如何處理歸附軍士帶來的各種面向。

「山後人」雖然並非我博士論文的題目，但卻有著與當中研究的洪武朝貢制度的共通關懷，就是關注橫跨歐亞的蒙元多民族帝國崩解下，明朝是如何重新建立秩序，不論是對內處理的族群問題，乃至對外的國際秩序。劉浦江〈元明革命的民族主義想像〉揭示出元明易代所謂的「民族革命」，乃自正統土木之變以降，明中葉面對「北虜」威脅所衍生而成，並延續至清末民國。[5]2003年，史樂民（Paul Jakov Smith）、萬志英（Richard von Glahn）所編的 *The Song-Yuan-Ming Transition in Chinese History*（《中國歷史上的宋元明轉型》）指出應將「宋元明」視為一個歷史過渡的階段，以彌補學界過往

4 王明珂：《華夏邊緣：歷史記憶與族群認同》（杭州市：浙江人民出版社，2013年），頁3。

5 劉浦江：〈元明革命的民族主義想像〉，《中國史研究》2014年第3期，頁79-100。

分別聚焦於帝制中、晚期的唐宋和明清，而忽略蒙元時期的過渡作用。[6]這些都說明了在「民族革命」的論述外，我們應從更多的角度思考元明易代的問題。魯大維（David M. Robinson）的新著 *In the Shadow of the Mongol Empire: Ming China and Eurasia*（《蒙古帝國的影子：明代中國與歐亞》）與 *Ming China and its Allies: Imperial Rule in Eurasia*（《明代中國及其盟友：帝國在歐亞》）某程度上也正呼應這一點。[7]

在對這議題的長期關懷下，我也開始利用武職選簿撰寫相關文章。在業師李金強教授安排下，幸得伯特利教會惠予機會，得以結集成書。讓我有很好的機會重新反思這一問題，並整理過去的成果。本書第二、三、四章就「山後人」的定義、軍政管理與軍事上的角色等方面的初步想法，部分曾以〈明代「山後人」初探〉為題，發表於二〇一三年八月十九至二十一日由中國明史學會主辦的「第十五屆明史國際學術研討會」，同時也有刊於〈明代衛所中的少數民族研究──論「山後人」〉，《中國史研究》（韓國大邱：中國史學會），第八十四輯（2013年6月），本書正是在這些基礎之上，再重新梳理相關史料，並補充調整至目前的編排。至於附論〈衛所中的「蕃國人」〉的一些初步想法，也曾以〈明代衛所的東南亞「歸附人」的意義一以南京錦衣衛馴象所為例〉為題，發表於二〇一九年九月中國明史學會舉辦的「明代錦衣衛制度與新田駱氏錦衣衛世家學術研討會」，本書也作出相當篇幅的修改與補充，以配合本書探討明代衛所軍制如何處理異族歸附的主旨，從而更全面呈現明朝如何透過衛所軍制處理多元族群的問題。

本書某程度上是修讀博士學位期間的「副產品」，求學過程有幸得各地師友協助，讓我得以順利進行「山後人」的研究。首先必須感謝業師李金強教授的指導，同時也要感謝中央研究院歷史語言所研究邱仲麟教授讓我有幸

6 Paul Jakov Smith, Richard von Glahn ed., *The Song-Yuan-Ming Transition in Chinese History* (Cambridge Mass.:Harvard University Press,2003), pp.1-2.

7 David M. Robinson, *In the Shadow of the Mongol Empire: Ming China and Eurasia* (Cambridge: Cambridge University Press,2020)；David M. Robinson, *Ming China and its Allies: Imperial Rule in Eurasia* (Cambridge: Cambridge University Press,2020).

前往該所訪問，得以查閱當中所藏的武職選簿殘本。日本一橋大學社會學研究科佐藤仁史教授的安排，讓我有幸到東洋文庫交流。此外，復蒙陝西師範大學歷史文化學院梁志勝教授惠予意見，以至中山大學歷史學系（珠海）何千禧同學協助整理資料，謹此再申謝枕。

郭嘉輝

二〇二〇年三月九日

目次

第一章
導言

《蒙古源流》提到「四十萬蒙古中，得脫者惟六萬，其三十四萬被圍而陷矣」。雖然洪金富指出「四十萬」並非確實數字，但可想而知元明易代之際為數不少的蒙古人身陷中原境內。[1]

洪武元年（1368）八月，徐達（1332-1385）率領的明軍「由淮入河北，取中原」、「東下齊魯」自「河南進至陝州」，從彰德、磁州、廣平、臨清、長蘆一路推進至通州，並一舉攻下元大都。[2]劉佶《北巡私記》提到元順帝（妥懽貼睦爾，1320-1370，在位1333-1370）在聞悉通州失陷後，「是夜，漏三下，車駕出建德門，率三宮后妃、皇太子、皇太子妃幸上都」，當時百官扈從僅有左丞相失列門、平章政事臧家奴、右丞定住、參知政事哈海、翰林學士承旨李百家奴、知樞密院事哈剌章、知樞密院事王宏遠等百餘人，[3]可見元廷北奔的決定極為倉促，只有為數不多的官員及時出逃。太常禮儀院使陳祖仁（1314-1368）更因留守太廟神主，為亂軍所殺。[4]

自元世祖（忽必烈，1215-1294，在位1260-1294）於至元二年（1265）下令「以蒙古人充各路達魯花赤，漢人充總管，回回人充同知，永為定制」[5]，

1　道潤梯步譯著：《新譯校注《蒙古源流》》（呼和浩特市：內蒙古人民出版社，1981年），頁223；洪金富：〈四十萬蒙古說論證稿〉，收入蕭啟慶主編：《蒙元的歷史與文化：蒙元史學術研討會論文集》（臺北市：臺灣學生書局，2001年），上冊，頁245-305。

2　〔明〕夏原吉等纂：《明太祖實錄》（臺北市：中央研究院歷史語言研究所校印本，1962年），卷34，洪武元年八月辛巳條，頁616-619。

3　〔元〕劉佶：《北巡私記》，載羅振玉：《羅雪堂先生全集》（臺北市：文華書局，1968-1976年），第15冊，頁6069-6074。

4　蕭啟慶：〈元明之際士人的多元政治抉擇——以各族進士為中心〉，《臺大歷史學報》第32期（2003年12月），頁91-92。

5　〔明〕宋濂等纂：《元史》（北京市：中華書局，1976年），卷6，〈本紀第六．世祖忽必烈三〉，頁106。

再加上《元史・兵志・鎮戍》提到「河洛、山東據天下腹心，則以蒙古、探馬赤軍列大府以屯之」。[6]可想而知，大量的蒙古人、色目人等異族因任官或駐軍而散落於元朝治下的中國各處。蕭啟慶於〈蒙元時代高昌偰氏的仕宦與漢化〉更推算，元代內遷中國之蒙古、色目人更多達二百多萬人。[7]順帝倉皇北狩，想必有大量散居於中國境內的蒙古人、色目人，未能及時撤回漠北。

故此，探討這些蒙古、色目人等異族在元明易代下於中國的去向，無疑對理解明初政權的性質有重要意義，特別是過往學界多視朱明鼎革為「民族革命」，[8]推崇明太祖（朱元璋，1328-1398，在位1368-1398）「驅除胡元，又一光復華夏之功」[9]，認為太祖皇帝利用服飾、禮俗改革禁止胡服、胡俗，藉「新天下之化」掃除「胡俗腥羶」。[10]同時又透過建構「漢唐經宋元至明的王朝譜系」整合華夏族群的記憶、重新確立儒學的正統地位、恢復華夏禮制、整合南北華夏族群，以「重鑄華夏」。[11]

但近年不少研究正揭示明廷殘留著波斯等中亞遺風，不論是器具或是語言翻譯文書。[12]而羅瑋則指出「新天下之化」並未能掃除蒙元胡服，「腰線

6 《元史》，卷99，〈兵二・鎮戍〉，頁2538。

7 潘清：〈元代江南蒙古、色目僑寓人户的基本類型〉，《南京大學學報（哲學・人文科學・社會科學版）》2000年第3期，頁128-135；蕭啟慶：〈蒙元時代高昌偰氏的仕宦與漢化〉，載氏著：《內北國而外中國——蒙元史研究》（北京市：中華書局，2007年），頁707。

8 晚清革命黨人視明太祖為民族革命英雄，推崇其驅逐胡元異族統治的功德，受此風所及，民國學人孟森、王崇武、吳晗等多視元明易代為民族革命。徐泓：《二十世紀中國的明史研究》（臺北市：臺灣大學出版中心，2011年），頁51-53。

9 孟森：《明代史》（臺北市：中華叢書委員會，1958年），頁9。

10 張佳：《新天下之化：明初禮俗改革研究》（上海市：復旦大學出版社，2014年）。

11 杜洪濤：〈「再造華夏」——明初的傳統重塑與族群認同〉，《歷史人類學刊》第12卷第1期（2014年4月），頁1-30。

12 Eiren L. Shea, "The Mongol Cultural Legacy in East and Central Asia: The Early Ming and Timurid Courts," *Ming Studies*, Issue 78 (Sept.2018), pp.32-56; Graeme Ford, "The Uses of Persian in Imperial China: The Translation Practices of the Great Ming," in Nile Green ed. *The Persianate World: The Frontiers of a Eurasian Lingua Franca* (Berkeley: University of California Press, 2019), pp.113-129.

襖」衍生出「曳撒」袍和「褶子衣」亦是皇帝、太子與百官的燕服，並見於《明宣宗行樂圖》及《明憲宗元宵行樂圖》。[13]更為重要的是魯大維（David M. Robinson）不單指出明宮廷內的藏傳佛教、外籍人員、以至「行樂圖」呈現的「大汗」形象、錦衣衛、正德皇帝等等都不脫蒙元遺風，[14]而且更關注到太祖吸納東北、西北邊疆上察合臺系等殘元勢力的邊疆政策，這正好反映明初無可避免地處理著蒙元多元民族帝國的遺產。而 Johannes Lotze 則從譯官、語言政策關注明初對外體制如何受元朝影響，可見他們的關懷亦是一致的。[15]

凡此種種均說明「元明易代」並不單純是漢族政權的重新確立，而是在蒙元多元民族帝國崩潰的格局下重新建立秩序。所以當我們討論元明易代的族群問題時，並不應只拘泥於「重鑄華夏」，更要考慮蒙元所遺下中國境內的蒙古人、色目人等異族的去向，才能整全地呈現元明易代下族群的真實情況。

靖難之役中，朵顏、福餘、泰寧等兀良哈三衛蒙古騎兵的歸附，對於燕

---

13 羅瑋：〈漢世胡風：明代社會中的蒙元服飾遺存初探──以「圖文互證」方法與社會史視野下的考察為中心〉，《興大歷史學報》第22期（2010年2月），頁21-56。

14 David M. Robinson, "The Ming Court and the Legacy of the Yuan Mongols," in David M. Robinson ed. *Culture, Courtiers, and Competition: The Ming Court (1368-1644)* (Cambridge, Mass.: Harvard University Press, 2008), pp. 365-411.

15 近年英國學者Johannes Lotze嘗從譯官、語言政策討論元明易代與明初天下秩序建立的關係。Johannes Sebastian Lotze, *Translation of Empire: Mongol Legacy, Language Policy, and the Early Ming World Order, 1368-1453* (Manchester, UK: The University of Manchester Doctoral Thesis, 2017)；魯大維（David M. Robinson）等學者關注到元明鼎革之際，太祖如何吸納東北、西北邊疆上察合臺系等殘元勢力加入新的區域秩序。David M. Robinson：〈大元帝國的影子和明初邊疆政策〉，《中國史研究動態》2016年第5期，頁32-36；David M. Robinson, "Controlling Memory and Movement: The Early Ming Court and the Changing Chinggisid World," *Journal of the Economic and Social History of the Orient*, 62 (Mar.2019), pp.503-524；胡小鵬：〈察合臺系蒙古諸王集團與明初關西諸衛的成立〉，《蘭州大學學報（社會科學版）》2005年第5期，頁85-90；David M. Robinson, *In the Shadow of the Mongol Empire: Ming China and Eurasia*, pp. 1-16.

王朱棣（1360-1424）戰局逆轉起著關鍵作用。[16]天順五年（1461）達官、達軍參與曹欽（？-1461）叛亂，[17]以至正統元年（1436）李賢（1408-1466）〈達官支俸疏〉提到「京師達人不下萬餘，較之畿民三分之一。其月支俸米較之在朝官員亦三分之一，而實支之數或全或半又倍」，[18]這些都反映出明代的衛所軍制是管理中土異族的重要制度。

因此，這亦是剖析元明易代中殘留於中土的蒙古人等異族的關鍵。但必須注意的是，奇文瑛提到「明朝內遷的這些歸附人，官兵家眷人眾數十萬，如此龐大的群體，被安置衛所之後，相關信息在官方文獻中逐漸消失，即使偶見有載，也是史料零散，不得要領」，某程度反映透過官方文獻追縱他們的難度。[19]所幸近年出版的《中國明朝檔案總匯》收錄了大量衛所的「武職選簿」，而配合中央研究院歷史語言研究所的收藏，現存的「武職選簿」涵蓋全國一百二十五個衛、所、儀衛司、招討司，遍及南北兩直隸的親軍衛、五軍都督府的直轄衛所，以至全國十九個都司、行都司、留守司，僅缺河南、江西、廣東、湖廣。[20]透過研讀這批「武職選簿」，我們可以發現異族的歸附往往在武職選簿上貫以「山後人」作為籍貫或身分登記，這令我們意識到欲要瞭解元明易代的異族歸附，其實應從明代衛所的軍政管理著手。

然而當我們討論元朝與明朝衛所時，往往只有「明承元制」的籠統印象，[21]特別是戴樂（Romeyn Taylor）只從衛所編制的形式（都指揮使、千

16 杜洪濤：〈靖難之役與兀良哈南遷〉，《內蒙古社會科學（漢文版）》2017年第4期，頁90-101。

17 David M. Robinson, "Politics, Force and Ethnicity in Ming China: Mongols and the Abortive Coup of 1461," *Harvard Journal of Asiatic Studies* Vol. 59, No. 1 (Jun., 1999), pp. 79-123.

18 〔明〕李賢：《李文達文集》，收入〔明〕陳子龍編：《皇明經世文編》（北京市：中華書局，1962年），卷36，〈達官支俸疏〉，頁277。

19 奇文瑛：〈碑銘所見明代達官婚姻關係〉，《中國史研究》2011年第3期，頁167-181。

20 梁志勝：《明代衛所武官世襲制度研究》（北京市：中國社會科學出版社，2012年），頁30。

21 于志嘉：〈明代軍制史研究的回顧與展望〉，載氏著：《衛所、軍戶與軍役：以明清江西地區為中心的研究》（北京市：北京大學出版社，2010年），頁322-355。

戶、百戶的架構）、軍屯、世襲軍籍等含糊地指出明朝衛所就是源於元制，[22] 漠視了元代軍制的複雜與特殊情況。元朝軍隊分為「宿衛軍」與「鎮戍軍」兩大系統，後者主要又可分為「蒙古軍」、「探馬赤軍」、「漢軍」與「新附軍」四大類。《元史・兵志》載「蒙古軍皆國人，探馬赤軍則諸部族也」，而「漢軍」則是「既平中原，發民為卒」即北方原金朝統治區簽發漢人組成的軍隊，「其繼得宋兵」即投降元朝的南宋軍隊就是「新附軍」。[23]可見，元代四大軍戶來源不一，既有蒙古人亦有漢人、南人等不同族群，這必然導致他們在軍政管理上有截然不同的處理。就簽發而言，由於蒙古人等游牧部落兵民一體，戶戶皆是兵戶，所以並不存在簽發問題。而「新附軍」又因「忠誠可疑」而免於簽發。所以簽發其實主要應用於「漢軍」，元廷考慮到軍役對民眾造成的人力與財力負擔，因此多取中原務農民戶的「中戶」。而正由於軍役負擔的沉重，漢軍軍戶更衍生出「正軍戶」與「貼軍戶」。「正軍戶」負責出軍，而「貼軍戶」則出錢或物津貼正軍。相反由於蒙古人「兵民一體」並無這樣的戶籍管理，是由戶下放良的驅口充當貼戶。[24]這大抵反映出元代軍制是揉合游牧與漢制相當複雜。

于志嘉指出明代軍戶的垜集法源自於元代的「合戶當軍」，其法「不論丁多丁少，通拼各戶，每輳成三、五丁，便編其一為正軍戶，使其餘為貼軍戶」，[25]可見所謂的「明承元制」主要在於元制「漢軍」。然而元代軍制其實是兼具漢軍、蒙古軍、探馬赤軍等不同類型軍戶的管理，所以明代衛所如何在元明易代下處理這些異族的軍政管理，無疑是值得我們重新反思，特別是

22 Romeyn Taylor, "Yuan Origins of the Wei-so System," in Charles Hucker, ed., *Chinese Government in Ming Times*: *Seven Studies* (New York: Columbia University Press, 1969), pp. 23-40.

23 《元史》，卷98，〈兵一〉，頁2508-2509。

24 陳高華：〈論元代的軍戶〉，載氏著：《元史研究論稿》（北京市：中華書局，1991年），頁127-155；洪金富：〈元代漢軍軍戶的正貼結構與正貼關係〉，《中央研究院歷史語言研究所集刊》第80本第2分（2009年6月），頁265-289。

25 于志嘉：〈論明代垜集軍戶的軍役更代——兼論明代軍戶制度中戶名不動役的現象〉，載陳熙遠、邱澎生主編：《明清法律運作中的權力與文化》（臺北市：聯經出版公司，2009年），頁35。

明代在東北、西北沿邊大量設立奴兒干都司、關西七衛等羈縻衛所招撫外族，[26]西南土司如宣慰、宣撫司更是由兵部任命。[27]

因此，本書希望透過「武職選簿」梳理明代衛所中的歸附異族，從而以衛所軍政角度，反思明朝如何承襲或處理蒙元的多元民族帝國的遺產。而「山後人」雖然屢屢見於張鴻翔、奇文瑛等關於明代外族歸附的研究，但過往卻未有真正釐清其含義，乃至於在歸附軍政管理上的意義，這亦是本書何以從「山後人」著手探討這一問題。最後附論配合暹羅人三英、爪哇人徐慶、交趾人真忠等例子，從而多方面思考明代衛所在處理多元民族管理的意義。

一　研究回顧

要之，本書是以探討歸附人在明代衛所的軍政管理為要旨，大抵是從元明易代下蒙古人等異族在中國去向的關懷下衍生。所以進入討論前，我們有必要回顧學界有關明代外族歸附或是歸附人等相關研究成果。

張鴻翔於一九三二年在《輔仁學誌》上刊登的〈明外族賜姓考〉無疑是這一方面的開山之作。[28]張氏師承陳垣（1880-1971）的簿牒之學，[29]希望透過研究外族的「賜姓授職」，從而瞭解「有明華夷同化之端」。因此，他在王世貞（1526-1590）〈賜降敵賜姓名〉的基礎上，參照《明實錄》等各種典籍，擴充至一〇六人並記述相關生平概略，先按韃靼、瓦剌、女真、回鶻、安南等種族分類，繼而考析「種族與本名皆略」、「值有賜姓與本名者」，以至賜姓之原因、賜姓之多寡、比較、賜謚、授爵、授職及安插各地的情況。兩年後的續作〈明外族賜姓續考〉考慮到「考其本名與夫世系，皆彼此互

26 顧誠：〈明帝國的疆土管理體制〉，《歷史研究》1989年第3期，頁135-150；彭建英：〈明代羈縻衛所制述論〉，《中國邊疆史地研究》第14卷第3期（2004年9月），頁24-36。

27 楊虎得、柏樺：〈明代宣慰與宣撫司〉，《西南大學學報（社會科學版）》2016年第2期，頁173-180。

28 張鴻翔：〈明外族賜姓考〉，《輔仁學誌》第3卷第2期（1932），頁108-145。

29 張鴻翔：《明代各民族人士入仕中原考》（北京市：中央民族大學出版社，1999年），〈序〉，頁1。

異，其非一人」，遂大量利用武職選簿、地方志，將搜羅的賜姓外族增至三九八人，且在韃靼、女真、瓦剌、回鶻外，發現兀良哈、哈密、阿速、古里國與暹羅等諸外族，但仍續以各族賜姓、歷朝賜姓多寡、比較、授職、安插各地等作分析。其後，張氏又考慮到「每見名同而人異者甚多」，遂「仿汪氏三史同名錄之例」再擴充整理至三二六七人，按「筆畫繁簡」、「首字音韻」編次，記述「每名之中復以來處遠近、內附先後、襲職早晚」以「書明其部族、職官、內附安插與襲職之時代」，書成《明代新氏族同名錄》，以考究外族「改名易姓，占籍中土，久而乃為中原之新氏族」為旨趣。[30]可見，張鴻翔亦是關注元明易代後的外族去向。但不同的是，張氏在意於外族歸附中土後所形成的「新氏族」，歸附外族的人物生平與來歷則成為考慮的要點，而「種族」只是其中一因素。

其實早於一九三二年的〈明外族賜姓考〉，張鴻翔也注意到「謹六十（昌英）」是「山後人」，不過則列入「種族未詳者」。而「山後人」李榮、鮑政因而也列入「種族與本名皆略者」，隨著〈明外族賜姓續考〉徵引大量武職選簿、地方志，當中羅列「種族未詳者」的「山後人」如王斌、李得等更多達一二四人，而「賜姓年略者」的「山後人」更有三十六人，而「本名待考者」的「山後人」亦有十人。〈明外族賜姓續考〉一文先後列舉外族賜姓三九八人，而「山後人」就占當中的一七〇人。雖然這一統計並不全面，但從「山後人」壓倒性的比例，則可想而知「山後人」在研究明代外族歸附毋庸是一重要議題，但遺憾張鴻翔當時只留下「種族未詳者」的懸念。[31]

同時代的比利時裔聖母聖心會神父司律思（Henry Serruys）自一九三六年至一九四八年先後在華北、內蒙古一帶宣教，並學習當地的語言與歷史，而隨著大陸易幟後前赴哥倫比亞大學繼續深造，成為蒙古研究的專家學者。[32]

30 張鴻翔：《明代各民族人士入仕中原考》，〈緒言〉，頁1-2。

31 張鴻翔其後才於《明代各民族入仕中原考》有嘗試解釋為「余意，「胡」、「山後」和「迤北」都指韃靼言，即陰山山脈以北之蒙古人」。張鴻翔：《明代各民族入仕中原考》，頁1。

32 有關司律思的生平可參：Ildikó Ecsedy, "Henry Serruys (July 10, 1911-August 16, 1983)," *Acta Orientalia Academiae Scientiarum Hungaricae*, Vol. 38, No. 1/2 (1984), pp. 215- 216；

正由於他對蒙古歷史的研究，引起他對元明易代下蒙古人在中國去向的關注，並於一九五九年著有 *The Mongols in China During the Hung-wu period（1368-1398）*（《洪武時期在中國的蒙古人》），司律思雖與張鴻翔也是透過爬梳《明實錄》著手。但不同的是，司氏分析更為仔細且不限於外族人物的生平，而是觀察整體的概況與趨勢。司律思注意到為數不少的蒙古軍隊在易代之際被明朝俘虜、招降，並安置在明朝的軍隊中。而蒙古人多是軍民一體，所以蒙古軍的歸降亦意味隨同的婦女、兒童等戶口的歸附。因此透過追蹤歸附的蒙古軍隊在明朝的駐紮地，可瞭解他們在中國的分布。當中發現他們不少是駐屯華北邊防，這正反映明朝並未視歸附蒙古人為威脅。[33] The Mongols in China, 1400-1500則是這方面的續作。[34]而此外，司律思亦關注到明前期歸附的蒙古貴族，以至錦衣衛當中含有大量的外族。[35]司律思紮實的研究與考證，為我們勾勒出蒙古人以至女真人在明代軍隊、貴族、駐屯等各多方面的情況。雖然司律思關注到明代蒙古人與軍隊、衛所密切相關，但受史料所限，惜未能引用「武職選簿」等對照。

誠如王競成、周松所指自張鴻翔、司律思以後相關研究一度沉寂，直至上世紀八十年代中國大陸學界才重新掀起關注。[36]寶日吉根〈試述明朝對所轄境內蒙古人的政策〉率先分析明朝對留在內地的元朝蒙古貴族、官吏及平

"Father Henry Serruys, CICM 10 July 1911 -16 August 1983," *Monumenta Serica*, Vol. 35 (1981-1983)；David M. Robinson（魯大維）：〈司律思先生的學術遺產〉，《明史研究》第14輯（北京市：中國明史學會，2014年），頁343-346。

33 Henry Serruys, *The Mongols in China During the Hung-wu period (1368-1398)* (Bruxelles: L'Institut Belge des Hautes Etudes Chinoises 1959)，該書的第二章被王苗苗節譯為〈《洪武時期在中國的蒙古人》節譯〉，《中國邊疆民族研究》，第3輯（北京市：中央民族大學出版社，2010年），頁359-365。

34 Henry Serruys, "The Mongols in China, 1400-1500", *Monumenta Serica*, Vol.27(1968), pp. 233-305.

35 Henry Serruys, "Mongols Ennobled During the Early Ming", *Harvard Journal of Asiatic Studies*, Vol.22 (1959), pp.209-260; Henry Serruys, "Foreigners in the Metropolitan Police during the 15th Century", *Oriens Extremus*, Vol.8 No.1(Aug., 1961), pp.59-83.

36 王競成、周松：〈明代歸附人研究述評〉，《西北民族大學學報（哲學社會科學版）》2018年第3期，頁121-123。

民的政策，諸如為元朝貴族賜宅封侯、「善撫綏之」蒙古士兵、封賞授職予元朝名將重臣、流亡國外等五種政策。[37]王雄〈明洪武時對蒙古人眾的招撫和安置〉旨在從「招撫」與「安置」說明太祖的政策成功，吸引大量蒙古族歸附明朝，並令他們入居中原，各得各所，緩和矛盾，令他們在中原生活安定，並為明朝的政治、經濟、文化作出貢獻。[38]邱富生則指出元明易代蒙古人留在中原乃在於留居未遷、移民、降附等三大主因，而歸附後則主要居住在：(1) 南京及其所屬的應天、鳳陽、淮安、揚州、廬州、徐州等府；(2) 北京及其所屬的順天、保定、真定、河間等府；(3) 湖廣地區；(4) 山東所屬德州、濟南、東昌等處；(5) 崇明縣並浙江沿海諸衛所等地區，並主要從事屯田、養馬、任官、從軍，在靖難之役及北方馭邊上扮演重要的角色。[39]劉景純則更進一步將歸附的蒙古人按洪武、永樂、正統、成化等時段劃分，觀察他們安置區域的變化。[40]而奇文瑛則更分析明初衛所安置「歸附人」的政策，諸如透過《武職選簿》重新勾勒異族在各地衛所的分布，並指出洪武時期在安置、任用上並未區別「歸附人」，都是以軍功為升降標準。直至永樂確立安置優養政策，並出現所謂的「寄籍達官」。[41]至於周松則利用南京錦衣衛的武職選簿研究回回人與蒙古人之間的區別，指出回回人初授武職較低，主要透過軍功升遷，而且大多在正統、天順年間歸附安置。[42]由此可

---

37 寶日吉根：〈試述明朝對所轄境內蒙古人的政策〉，《內蒙古社會科學》1984年第6期，頁66-69。

38 王雄：〈明洪武時對蒙古人眾的招撫和安置〉，《內蒙古大學學報（哲學社會科學版）》1987年第4期，頁71-84。

39 邱富生：〈試論明朝初期居住在內地的蒙古人〉，《民族研究》1996年第3期，頁70-77；高紅梅：〈明朝洪武時期對蒙古人的招撫政策〉，《北方民族大學學報（哲學社會科學版）》2015年第6期，頁133-136。

40 劉景純：〈明朝前期安置蒙古等部歸附人的時空變化〉，《陝西師範大學學報（哲學社會科學版）》2012年第2期，頁77-85。

41 奇文瑛：〈論明初衛所制度下歸附人的安置與任用〉，《民族研究》2012年第6期，頁64-74。

42 周松：〈明代南京的回回人武官——基於《南京錦衣衛選簿》的研究〉，《中國社會經濟史研究》2010年第3期，頁12-22。

見，學界開始意識到要對衛所歸附外族進行更精細的研究，但可惜大抵仍以安撫政策與措施、歸附緣由、安置分布、給賜土地等整體宏觀的範圍為主，例如周松探討北直隸「達官軍」的組織特徵、軍事價值、社會治安、優遇措施，以至從「達官軍」土地占有原則、賜地規定與「奏求賜地」、土地清丈與科徵，說明他們經濟生活從畜牧改為農耕，融入內地經濟生活，而促成「內地化」。[43]

值得注意的是，奇文瑛敏銳地觀察到在研究明代的異族歸附時，必須注意概念與用詞的陳義。奇文瑛注意到元明易代之際歸附的「故元官兵」並不一定為「蒙古人」，而應更具體辨析他們的由來與民族構成。蓋因「故元官兵」雖多採蒙古名，但亦有為漢人、色目人。[44]奇文瑛反駁川越泰博認為女真達官升遷不拘衛所時，指出三萬衛的武職選簿中有三十二名非漢族武官並未標示為「達官」，所以衛所異族武官並不必然是「達官」，而應更仔細分析「達官」的意涵。[45]奇氏進而指出「達官」這一分類應始於永樂，特指永樂以降各族歸附人安置衛所寄籍帶俸的群體，並更進一步提出「寄籍達官」與「軍籍達官」的區別。[46]姑勿論奇文瑛的定義是否並無爭議，但重要的是她指出了在討論衛所的外族歸附時，應小心注意當中的概念與用詞，以免造成誤解。所以「山後人」在明代軍政上的意義，顯然應進一步仔細解讀。正因奇文瑛謹慎地注意用詞，所以奇文瑛《明代衛所歸附人研究──以遼東和京畿地區衛所達官為中心》遂以「歸附人」討論衛所的外族歸附，涵蓋「故元官兵」與「山後移民」，並將「達官」分為寄籍與軍籍，從而分析「歸附

---

43 周松：〈明朝北直隸「達官軍」的土地占有及其影響〉，《中國經濟史研究》2011年第4期，頁76-84；周松：〈明朝對近畿達官軍的管理──以北直隸定州、河間、保定諸衛為例〉，《寧夏社會科學》2011年第3期，頁81-92。

44 奇文瑛：〈明洪武時期內遷蒙古人辨析〉，《中國邊疆史地研究》2004年第2期，頁59-65。

45 奇文瑛：〈論《三萬衛選簿》中的軍籍女真〉，《學習與探索》2007年第5期，頁205-210。

46 奇文瑛：《明代衛所歸附人研究──以遼東和京畿地區衛所達官為中心》（北京市：中央民族大學出版社，2011年），頁116-174。

人」身分的差異以至地位的變化，而且更透過碑銘、譜牒分析「達官」婚姻及其歸附後的社會生活。奇文瑛以會寧伯李南哥、恭順伯吳允誠、懷柔伯施聚三個達官家族為例探析，指出達官早期的通婚局限於衛所其他達官，而弘治、嘉靖以後逐漸與漢官的士官家族通婚，日益漢化。[47]

值得一提的是，由於恭順伯吳允誠的顯赫功勳，遂成為探究達官的重要示例。雖然司律思早已於 Mongols Ennobled During the Early Ming 提到吳允誠，[48]但都礙於史料所限。直至近年隨著〈明故恭順伯吳公神道碑〉、〈恭順伯追封涼國公謚忠壯吳公神道碑〉的碑刻內容被發現，周松甚至奇文瑛遂更仔細分析他們家族在政治、軍事上的作用以至通婚關係。[49]周松更透過《明功臣襲封底簿》與〈南寧伯贈南寧侯謚莊毅毛公神道碑〉、〈明故南寧伯追封南寧侯謚莊毅毛公夫人白氏合葬墓志銘〉等碑刻指出土木之變後，對於夷狄防範日嚴，南寧伯毛勝家族雖與漠北阿魯台存在親屬關係，但在碑刻中屢屢避諱，以免遭到敵視。[50]而周松又比較同名為「昌英」的蒙古人、回回人武官家族，指出由於回回人的文化特徵較強，而不像蒙古人易於被漢化。[51]

總的而言，過往的研究雖然開始注意到要對歸附異族在衛所的管理進行更精細的研究，諸如奇文瑛提出寄籍與軍籍達官的區分，周松注意回回人與蒙古人的區別，以至奇文瑛揭示出對「故元官軍」與「達官」等概念的釐清，但整體仍然以招撫的政策與措施、歸附的緣由、安置的區域分布、賜地與經濟生活為關注的要點，並偶有以碑刻深入討論恭順伯吳允誠、南寧伯毛

---

47 奇文瑛：〈碑銘所見明代達官婚姻關系〉，《中國史研究》2011年第3期，頁167-181；奇文瑛：《明代衛所歸附人研究——以遼東和京畿地區衛所達官為中心》，頁189-208。

48 Henry Serruys, "Mongols Ennobled During the Early Ming," pp. 215-219.

49 周松：〈入明蒙古人政治角色的轉換與融合——以明代蒙古世爵吳允誠（把都帖木兒）為例〉，《北方民族大學學報（哲學社會科學版）》2009年第1期，頁27-32；卜凱悅《明代河西達官吳允誠家族研究》（銀川市：寧夏大學碩士論文，2017年）。

50 周松：〈明代內附阿魯臺族人辨析〉，《西北民族大學學報（哲學社會科學版）》2011年第5期，頁74-82。

51 周松：〈明代達官民族身分的保持與變異——以武職回回人昌英與武職蒙古人昌英兩家族為例〉，《西北民族大學學報（哲學社會科學版）》2012年第3期，頁63-67。

勝等家族的事例。但其實誠如王競成、周松在〈明代歸附人研究述評〉所指「在諸如『達官』概念，達官制度的確立和內涵等理論環節尚存有爭議」[52]，這正說明了「達官」等歸附異族的概念，其實是與軍政制度密切相關。透過釐清這些詞義，其實是「正本清源」對於衛所處理歸附異族制度、條文作出梳理，這亦是本書何以嘗從釐清「山後人」這一概念著手，以瞭解處理歸附的軍政制度。

二　章節安排

「武職選簿」為隆慶三年（1569）兵部尚書霍冀（1516-1575）等因「武選司庫貯功次選簿及零選簿年久浥爛，而近年獲功堂稿與覈冊題覆尚未謄造，每遇選官清黃之期，典籍殘闕，卒難尋閱」，而「開局立法，督率選到七十八衛所吏役，逐一將功次、零選、堂稿及新功覈題未經立簿者盡行修補謄造」。萬曆二十二年（1594）又再重修，往後的武選、應附、應補則「及時謄寫」直至明亡。可見，「武職選簿」為管理衛所武官武選的重要簿冊，集過往貼黃、功次簿、零選簿、審稿、堂稿等與相關文獻，為明代衛所武官簿冊的總其成，是瞭解明代軍政管理不可或缺的重要文獻，當中詳細記錄了武官自先祖從軍以來的姓名、年甲、籍貫、從軍緣由、出征經歷、立功授職，以及歷輩的襲替、優給、優養時間、職銜，以及立功升遷、犯罪減革、改調衛所等內容。[53]張鴻翔在〈明外族賜姓續考〉所列舉百多位「山後人」，正是從武職選簿當中的「籍貫」整理而來。「山後人」在武職選簿先後多次出現並非偶然，正反映為明代軍政的一重要概念，所以才作為籍貫身分與其他地方區分，以茲識別。

因此，本書的第二章〈「山後人」的再定義〉主要透過現存的武職選簿

52 王競成、周松：〈明代歸附人研究述評〉，頁121-128。

53 于志嘉：〈明武職選簿與衛所武官制的研究——記中研院史語所藏明代武職選簿殘本兼評川越泰博的選簿研究〉，《中央研究院歷史語言研究所集刊》第69本第1分（1998年3月），頁46；梁志勝：《明代衛所武官世襲制度研究》，頁30-32。

指出「山後人」的意涵相當複雜。他們的歸附見早於太祖開國以前，而且晚至天順時期（1457-1464），遼陽人、迤北達子、遼東胡胡不花人、哈剌哈人等林林總總的外族也曾被標示為「山後人」。可見，「山後人」並非學界單純的以為是洪武四年（1371）從燕山以北一帶歸附的故元遺民、官兵或蒙古人，而是作為衛所管理歸附軍士的登記身分。

第三章〈「山後人」的軍政管理〉則是接著分析「山後人」身分於衛所軍政的作用與意義，並從「山後官軍俸例」、宣德四年「勾軍條例」以至「化外人有犯」即俸給、勾軍、刑法等三方面考析「山後人」沒有原籍的特質，如何衍生出有別於其他軍戶的軍政管理。接著則討論「山後人」與「達官」雖都是指歸附軍士，而兩者所存在的差別，從而更具體瞭解「山後人」在明代軍政上的意義，以至一直沿用至明亡。

第四章〈「山後人」的作用及意義〉既然「山後人」並非單純是蒙古人或故元遺民，他們的歸附對於明前期政治軍事有怎樣的意義？這一章將從靖難之役、清平伯吳成、奉化伯滕定、懷柔伯施聚、東寧伯焦禮等「山後武官」的封爵等作分析，同時考慮到「山後人」作為歸附軍士的登記有著多元文化背景，是如何參與聘問、四夷館等涉外事務，最後則從胡上琛思考「山後人」的歸附與認同。

最後附論〈衛所中的「蕃國人」〉則希望透過探討暹羅人三英、爪哇人徐慶、交趾人真忠等「蕃國人」的歸附緣由，乃至他們的背景與錦衣衛馴象所建立的關係，從而瞭解明代衛所在處理邊疆異族歸附的同時，又是如何面對遠渡而來的「蕃國人」。而「蕃國人」的歸附又如何裨益於明朝的發展。

要之，本書希望透過「山後人」作為切入，瞭解明代衛所是如何對歸附異族進行軍政管理，這同時突顯出衛所不單純是軍事體制，更是處理異族歸附的重要管理制度，這正可讓我們瞭解到元明易代下，明朝是透過何種制度繼承或面對蒙元多元民族帝國崩解的局面，而在這種透過衛所「山後人」身分處理的情況下，這又對明前期的軍事政治，乃至於日後明朝的發展造成怎樣的影響，都是值得我們思考的。

第二章
「山後人」的再定義

目前學界對於「山後人」的定義，大多建基於《明太祖實錄》的洪武四年三月乙巳條與六月戊申條：

> 中書右丞相魏國公徐達奏：山後順寧等州之民，密邇虜境，雖已招集來歸，未見安土樂生，恐其久而離散。已令都指揮使潘敬、左傳、高顯徙順寧、宜興州沿邊之民皆入北平州縣屯戍，仍以其舊部將校撫綏安集之，計戶萬七千二百七十四，口九萬三千八百七十八。[1]
>
> 魏國公徐達駐師北平，以沙漠既平，徙北平山後之民三萬五千八百戶，一十九萬七千二十七口，散處衛府，籍為軍者，給以糧。籍為民者，給田以耕。凡已降而內徙者，戶三萬四千五百六十，口一十八萬五千一百三十二。招降及捕獲者，戶二千二百四十，口一萬一千八百九十五。宜興州樓子塔、厓獅、厓松、垛窨、子峪、水峪、臺莊七寨戶一千三十八，口五千八白九十五。永平府夢洞山、雕窩厓、高家峪、大斧厓、石虎、青礦洞、莊家洞、楊馬山、買驢、獨厓、判官峪十一寨戶一千二百二，口六千。……[2]

從而指出「山後人」就是洪武四年（1371）於北平一帶的山後順寧、宜興州等地故元遺民。何冠彪甚至於《元明間中國境內蒙古人之農業概況》引《資治通鑑》胡三省（1230-1302）注，以至《明英宗實錄》、《大明律集解附例》進一步指出「故山後人亦即蒙古人」。[3]而持此論者並非少數，王雄、

1　《明太祖實錄》，卷62，洪武四年三月乙巳條，頁1199。

2　《明太祖實錄》，卷66，洪武四年六月戊申條，頁1246-1247。

3　何冠彪：《元明間中國境內蒙古人之農業概況》（香港：學津出版社，1977年），頁21。

邸富生、高紅梅等在討論洪武時期對蒙古人的招撫政策時亦大多直接認為「山後人」就是「蒙古人」。[4]

然而奇文瑛則認為「山後之民」雖以「蒙古族為主」，但應包括「蒙古化的漢人與契丹、女真人等在內」，[5]這是由於「洪武四年始，為防北元南下，燕山、太行山以北州縣數年間先後廢棄，其民內遷以堅壁清野」，而導致「自洪武四年至洪武七年間先後撤山後順寧、興、嬀川、宜興、雲諸府州，遷其民入北平州縣，少壯者隸各衛為軍」。[6]但奇文瑛在討論通州衛時則發現：

> 洪武時期歸附的故元官兵在《選簿》中，幾乎都冠以山後籍貫。通州衛的山後人，主要來自故元遼陽行省望平縣和腹裏上都路宜興州、大興州和小興州，多數是洪武二十年前後南下歸附的。[7]

從而將「山後人」的定義擴寬為「在明朝泛指故元生活在長城以北和半農半牧地區的人」。[8]姑勿論奇氏的定義是否無誤，但她卻指出了透過研讀武職選簿可修正「山後人」的理解，特別是太祖實錄僅提到「徙北平山後之民……散處衛府，籍為軍者」的情況下。因此，本章將建基於大量研讀武職選簿，從而更具體及清晰地掌握具有怎樣的來歷或來源的衛所軍士，才會被視為「山後人」，從史料根源上重新釐清「山後人」的定義。

一 「武職選簿」與「山後人」

現存的武職選簿源自於隆慶三年兵部尚書霍冀等因「武選司庫貯功次選

4 王雄：〈明洪武時對蒙古人眾的招撫和安置〉，頁77；邸富生：〈試論明朝初期居住在內地的蒙古人〉，頁70；高紅梅：〈明朝洪武時期對蒙古人的招撫政策〉，頁135。

5 奇文瑛：〈明洪武時期內遷蒙古人辨析〉，頁59-65。

6 奇文瑛：《明代衛所歸附人研究——以遼東和京畿地區衛所達官為中心》，頁32-33。

7 奇文瑛：《明代衛所歸附人研究——以遼東和京畿地區衛所達官為中心》，頁158-159。

8 奇文瑛：《明代衛所歸附人研究——以遼東和京畿地區衛所達官為中心》，頁158-159。

簿及零選簿年久浥爛，而近年獲功堂稿與覈冊題覆尚未謄造，每遇選官清黃之期，典籍殘闕，卒難尋閱」，而下令「開局立法，督率選到七十八衛所吏役，逐一將功次、零選、堂稿及新功覈題未經立簿者盡行修補謄造」，從而將歷年武選的貼黃、功次簿、零選簿、欽陞簿、審稿、堂稿甚至舊選簿等編集而成。[9]所以現存武職選簿雖是同時編制，但其內容是來自不同時期，而當中貼黃、功次簿、審稿等編制目的亦不盡相同，因而導致武職選簿的內容出現不一致的情況，而這顯然對理解衛所中的「山後人」造成一定困難。

張鴻翔〈明外族賜姓續考〉是通過武職選簿研究明代外族歸附的權威奠基作，但當中卻以「種族未詳者」臚列了一二四位「山後人」。這顯然由於張鴻翔以考察「歸附賜姓」為要點，只關注歸附者的本名及其賜姓、歸附經歷，而未有留意到武職選簿當中的記述差異，以當中提及的「可亨」為例：

> 本名可可來。可可來，山後人，富峪衛正千戶蠻子長子，洪武二十七年十二月代父職，仍為正千戶，三十三年濟南功陞指揮僉事，三十五年平定京師，陞指揮同知，賜姓名曰可亨。[10]

而這顯然是摘錄自富峪衛選簿可勳的外黃，[11]但其實外黃本載「可可來，北松州人，有父蠻子，洪武十四年歸附充軍」而非記「山後人」。而「山後人」則要到可勳家族的四輩可勝於舊選簿始載「景泰四年七月，可勝，山後人」，往後五輩可亮、六輩可銳、七輩可勳、八輩可熙、九輩可文學的舊選簿等才沿用「山後人」為籍貫，可見武職選簿就同一武官家族的籍貫存在不一致的記述。

9 關於審稿的作用，可參梁志勝：〈明代「武選司審稿」初探〉，《陝西師範大學學報（哲學社會科學版）》2004年第3期，頁92-96；梁志勝：《明代衛所武官世襲制度研究》，頁346-400。

10 張鴻翔：〈明外族賜姓續考〉，《輔仁學誌》第4卷第2期（1934），頁33。

11 中國第一歷史檔案館、遼寧省檔案館編：《中國明朝檔案總匯》（桂林市：廣西師範大學出版社，1999年），第66冊，頁10。

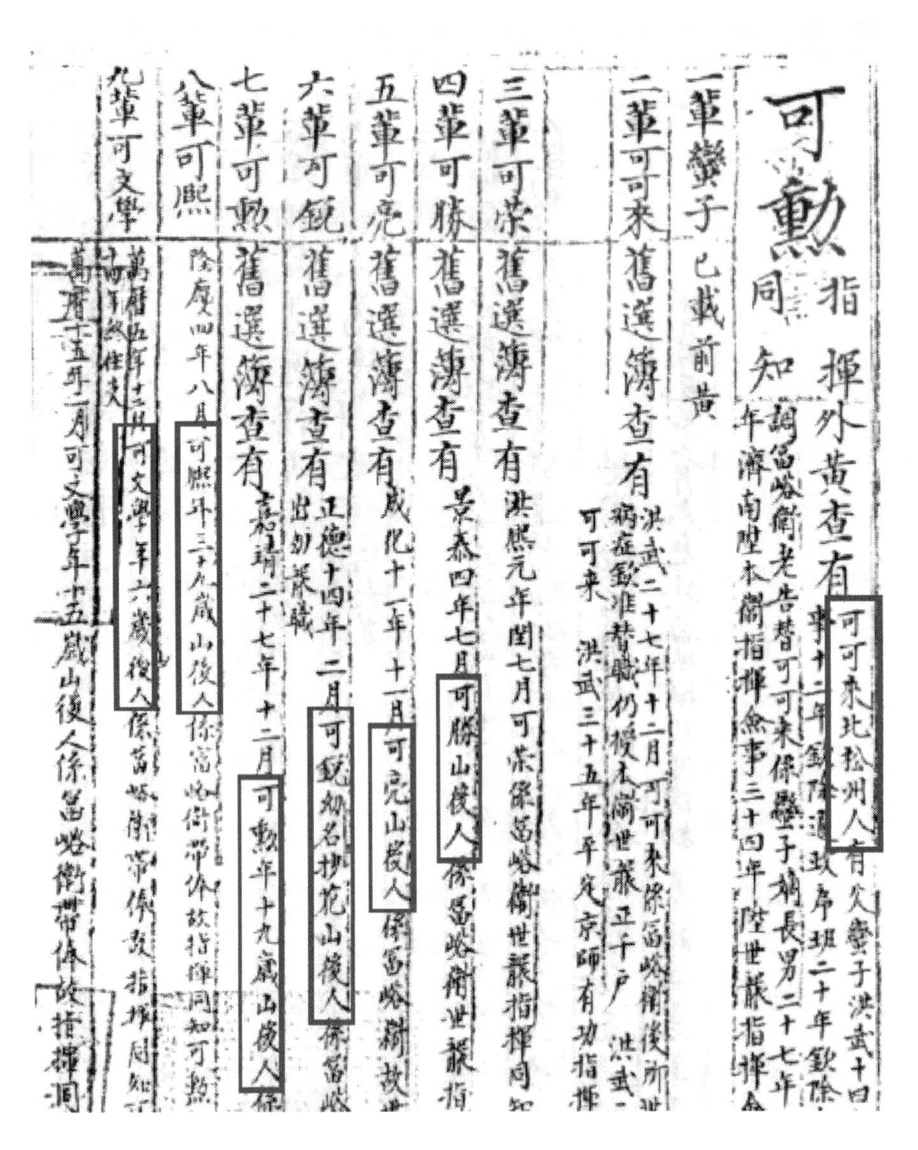

可勳 指揮同知

外黃查有

可可來北松州人有父蠻子洪武十四[illegible]

[illegible]十二年欽除遼[illegible]二十年欽除[illegible]

調富峪衛老告替可可來係蠻子嫡長男二十七年

年濟南陞本衛指揮僉事三十四年陞世襲指揮僉

一輩 蠻子 已載前黃

二輩 可可來 舊選簿查有 洪武二十七年十二月可可來係富峪衛後所世

病症欽准替職仍授本衛世襲正千戶 洪武

可可來 洪武三十五年平定京師有功指揮

三輩 可崇 舊選簿查有 洪熙元年閏七月可崇係富峪衛世襲指揮同

四輩 可勝 舊選簿查有 景泰四年七月可勝山後人係富峪衛世襲指

五輩 可亮 舊選簿查有 成化十一年十一月可亮山後人係富峪衛故

六輩 可鋭 舊選簿查有 正德十四年二月可鋭即名抄花山後人係富峪

出幼襲職

七輩 可勳 舊選簿查有 嘉靖二十七年十二月可勳年十九歲山後人係

八輩 可熙 隆慶四年八月可熙年三十九歲山後人係富峪衛帶俸故指揮同知可勳

九輩 可文學 萬曆五年十二月可文學年十六歲山後人係富峪衛帶俸故指揮同

[illegible]年終住支

萬曆十五年二月可文學年十五歲山後人係富峪衛帶俸故指揮同

圖一　富峪衛選簿中的可亨一族記載

出處：《中國明朝檔案總匯》，第60冊，頁10。

然而可亨並非唯一的例子，〈明外族賜姓續考〉又載「吳興，本名伯帖木兒。伯帖木兒，山後人，永平衛總旗奔五台之子」，但對照興武衛選簿吳森的內黃卻載「吳興伯帖木兒，金山人。有父奔五台，洪武二十年跟隨觀童於金山歸附，充永平衛中後所總旗」，而「山後人」作為籍貫則要到七輩吳森的舊選簿才出現。[12]這當然並非因「北松州人」或「金山人」的特殊處理，汀州衛指揮僉事李韶的外黃雖載「李智，大寧人。祖李真，洪武三十年充永平衛軍」[13]，但張鴻翔卻指「李真，本名五十。五十，山後人，洪武三十年來歸，命充永平衛後所軍」。[14]至於金吾右衛正千戶古守仁的內黃本載「古欽係金吾右衛中所帶俸指揮同知，上都人。曾祖小廝干，洪武十四年軍」[15]，但在〈明外族賜姓續考〉則提「古咬住，本名咬住。咬住，山後人，父小斯干，洪武十四年內附」。[16]

唯張鴻翔對於歸附軍士的籍貫並非只取信於舊選簿，〈明外族賜姓續考〉雖按選簿的貼黃視魯賢、七十、高清等為「山後人」，但他們的八輩魯欽、四輩馬昇、四輩高俊卻於舊選簿的籍貫登記為「金山人」、「女直人」。[17]

12 《中國明朝檔案總匯》，第65冊，頁199-200。

13 《中國明朝檔案總匯》，第65冊，頁15。

14 〈明外族賜姓續考〉，頁39。

15 《中國明朝檔案總匯》，第50冊，頁301-302。

16 〈明外族賜姓續考〉，頁48、49。

17 〈明外族賜姓續考〉，頁35-36；《中國明朝檔案總匯》，第49、67冊，頁450-451，37、216。

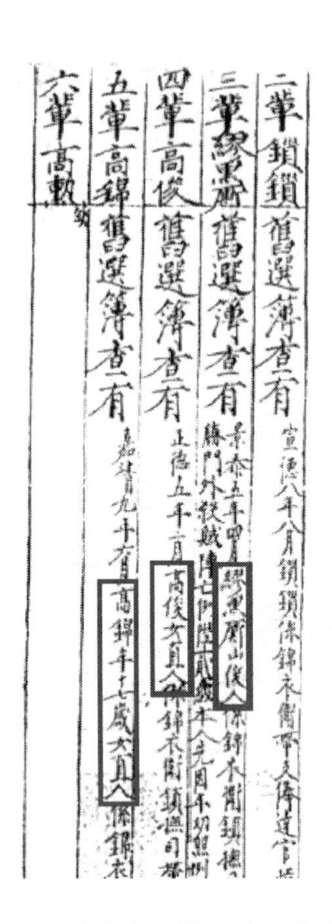
二輩 鎖鎖 舊選簿查有 宣德八年八月鎖瑣係錦衣衛[illegible]
三輩 [illegible] 舊選簿查有 景泰五年[illegible] [illegible]山後人係錦衣衛鎮[illegible]
四輩 高俊 舊選簿查有 正德五年[illegible]高俊女直人係錦衣衛鎮撫司[illegible]
五輩 高錦 舊選簿查有 嘉靖[illegible]九年[illegible]高錦年十七歲女直人係錦衣
六輩 高[illegible]

圖二　錦衣衛選簿高清一族記載

出處：《中國明朝檔案總匯》，第49冊，頁451。

將〈明外族賜姓續考〉與武職選簿對照，正反映「山後人」於武職選簿記述的複雜與混亂，以致難以判斷他們的族屬，諸如北松州人可可來、金山人吳興伯帖木兒、大寧人李真等後輩舊選簿卻登記為「山後人」。而魯賢、七十、高清等雖於貼黃提為「山後人」，但後輩舊選簿的籍貫卻是「金山人」、「女直人」。同一歸附武官家族的籍貫在武職選簿的貼黃、舊選簿出現不一致的情況，這導致判斷「山後人」是否同一族群，甚至是否等同於「蒙古人」，無疑帶來一定困難。

明代的軍官和旗軍都是世襲的，顧誠於〈談明代的衛籍〉也提到李東陽（1447-1516）、吳三桂（1612-1678）、何騰蛟（1592-1649）雖因祖輩駐屯關係已世居北京、遼東與貴州，但籍貫仍據原籍視為湖南茶陵人、江南高郵人、浙江紹興人，所以明代衛籍是「規定必須載明祖軍原籍」。[18]原籍在衛所更非可任意改動的，選簿籍貫上記為「山後人」者則必有其用意。所以同一選簿上各祖輩籍貫上雖先後載以「北松州人」、「女直人」、「金山人」、「大寧人」等身分，但當中籍貫若曾記為「山後人」，這亦代表他們曾被視為「山後人」在軍政上如第三章提到在俸給、清軍、刑法上有特別處理。換言之，在某種意義上來說，「山後人」也代表著「女直人」、「金山人」、「大寧人」等身分，所以他們才被付予「山後人」為籍貫般的軍政管理。而為了更整全掌握「山後人」作為籍貫在衛所上涵蓋的意義，本書將嘗試系統搜羅現存武職選簿中曾在籍貫視為「山後人」的武官家族。

按此準則底下，武職選簿中最少約八百三十多個武官家族曾被視作「山後人」。雖然現存近百種的武職選簿僅為全部的一小部分，而且更缺河南都司、湖廣行都司、江西都司與廣東都司等屬衛，[19]唯這些「山後人」遍佈宿衛京畿的直衛親軍指揮使司以及在京的前、後、中、左軍都督府，和山東、遼東、四川、雲南、貴州、中都、興都、湖廣、福建、大寧、萬全與山西等地的都司、行都司、留守司等七十多個衛所，無疑具有一定的代表性：

表一　現存《武職選簿》中「山後人」衛所分布表

所屬：	衛所：	「山後人」例：
親軍衛	金吾右衛	169
	通州衛	77
	錦衣衛	51

18 顧誠：〈談明代的衛籍〉，《北京師範大學學報》1989年第5期，頁56-65。

19 目前現存的武職選簿，僅占衛的21%，守御、群牧等千戶所4%，儀衛司3%。梁志勝：《明代衛所武官世襲制度研究》，頁30；于志嘉：〈明武職選簿與衛所武官制的研究——記中研院史語所藏明代武職選簿殘本兼評川越泰博的選簿研究〉，頁48-50。

所屬：	衛所：	「山後人」例：
	燕山左衛	25
	羽林前衛	24
	燕山前衛	15
	府軍前衛	10
	武驤右衛	10
五府屬在京衛	富峪衛	42
	義勇後衛	31
	大寧中衛	22
	留守左衛	15
	留守後衛	11
	興武衛	11
	留守中衛	9
	神策衛	6
	瀋陽右衛	6
	義勇右衛	5
	牧馬所	5
	驍騎右衛	5
	瀋陽左衛	5
直隸五府在外衛	高郵衛	11
	延慶衛	10
	德州衛	9
	盧龍衛	8
	永平衛	7
	金山衛	6
	興州左屯衛	6
	蘇州衛	3

所屬：	衛所：	「山後人」例：
	宣州衛	3
	天津右衛	2
	密雲後衛	1
遼東都司	三萬衛	9
	寧遠衛	5
山東都司	青州左衛	10
陝西都司	寧夏前衛	3
	西安左衛	1
陝西行都司	鎮番衛	2
四川都司	雅州守禦千戶所	2
四川行都司	寧番衛	2
廣西都司	柳州衛	4
	南丹衛	1
雲南都司	雲南左衛	5
	雲南右衛	1
	越州衛	1
	雲南後衛	1
貴州都司	威清衛	2
	平越衛	1
	安南衛	1
中都留守司	懷遠衛	3
	皇陵衛	1
湖廣都司	沅州衛	1
	平溪衛	1
	銅鼓衛	1
興都留守司	承天衛	1

所屬：	衛所：	「山後人」例：
福建都司	福州右衛	8
福建行都司	建寧右衛	4
	汀州衛	3
	建寧左衛	2
大寧都司	保定左衛	11
	保定前衛	10
	營州中屯衛	7
	保定中衛	6
萬全都司	蔚州衛	24
	保安衛	5
	宣府前衛	3
	宣府左衛	2
山西都司	鎮西衛	8
	振武衛	2
山西行都司	雲川衛	3
	鎮虜衛	3
	玉林衛	1
南京見設衛所	南京鷹揚衛	18
	南京錦衣衛	8
	南京留守後衛	8
	南京豹韜衛	5
	南京羽林右衛	3
	南京羽林左衛	3
	南京豹韜左衛	3

由此可見，這些「山後武官」於武職選簿編制的隆慶、萬曆時期大多分布於京畿直隸，而這或與俸給等軍政管理有莫大關係，下一章將詳細討論。

而這批為數眾多涉及「山後人」記錄的歸附武官家族，不僅反映出「山後人」於明代的衛所以至軍事方面占有一定的角色，同時更是追蹤「山後人」來源的重要線索。而以下為了判別「山後人」的來源，將從他們的歸附來歷特別是時間、來源地兩個層面進行分析。

二　歸附時間

首先從歸附時間而言，金吾右衛指揮同知戴鳳的外黃正提到：

> 戴安，年五十一歲，係金吾右衛右所帶俸指揮同知，原籍山後人。始祖戴福興，丁酉年歸附從軍，洪武元年充大寧右衛右所軍。[20]

洪武元年以前的「丁酉年」正為元至正十七年（1357），時值朱元璋攻下太平府、集慶路不久，所以「山後人」戴福興絕不可能是洪武四年山後順寧、宜興等州之民。然而這並非特例，義勇後衛實授百戶梁鎣的外黃也記及：

> 梁瑤，山後人。高祖梁材，舊名官第，戊戌年充軍，洪武三年併鎗陞小旗。[21]

「戊戌年」亦即至正十八年（1358）。換言之，早在明太祖舉兵之際就有「山後人」歸附從軍，金吾右衛正千戶張添祿的外黃雖然並不完整，但也清楚提到「張英，山後人。曾祖張勝，丙申年從軍」，而「丙申年」則是更早的至正十六年（1356）。朱元璋稱吳王後，也不乏「山後人」充軍的事例。同屬金吾右衛的指揮使李春於內黃正提到「李成，舊名張成，山後人，吳元年軍」，[22]燕山前衛百戶劉儒外黃則有「劉旺，山後人，吳元年充永平衛

20 《中國明朝檔案總匯》，第50冊，頁176-177。

21 《中國明朝檔案總匯》，第66冊，頁419。

22 《中國明朝檔案總匯》，第50冊，頁512。

軍」。[23]在徐達北伐以前，朱元璋的勢力不曾逾越華北，至正十六年至吳元年歸附的「山後人」顯然並不可能是洪武四年北平一帶的移民，但他們的軍籍籍貫卻被視為「山後人」。這似乎表明「山後人」是一種登記，並非是同一來源的群體。蓋因元明易代過去近百年，經歷土木之變華夷衝突的天順時期，仍可找到「山後人」歸附的事例。

青州左衛副千戶王芹的外黃正提到：

> 王續，山後人。曾祖孟可力係哱羅台石部下達子，天順元年投降，陞山東青州左衛左所達官世襲副千戶。[24]

無獨有偶，同是青州左衛的所鎮撫康衙也在外黃記到：

> 康時中，係青州左衛後所帶俸達官所鎮撫。祖亦克來，原係山後孛羅台石部子達子，天順元年投降陞所鎮撫，送青州左衛後所安插帶俸。[25]

所以王芹、康衙的祖輩顯然同為哱羅台石部下並於天順元年（1457）一同歸降。而同時歸降的並不止他們，同屬青州左衛的副千戶王居、李祿與百戶李忠的外黃分別提到「王澤，山後人。祖力榮花，天順元年投降陞副千戶，撥青州左衛左所帶俸」、「李壽，山後人。祖必顙阿，天順元年來降陞副千戶，撥青州左衛右所帶俸」、[26]「李忠，年四歲，山後人。曾祖阿克來天順元年投降，除百戶，撥青州左衛中所安插」。[27]所以「山後人」於天順元年歸附並編入青州左衛並非偶然，蓋因《明英宗實錄》天順元年（1457）十一月癸酉條，正提到：

---

23 《中國明朝檔案總匯》，第52冊，頁214-215。

24 《中國明朝檔案總匯》，第55冊，頁38。

25 《中國明朝檔案總匯》，第55冊，頁128。

26 《中國明朝檔案總匯》，第55冊，頁41，61。

27 《中國明朝檔案總匯》，第55冊，頁84。

> 迤北韃靼也先帖木兒、孛伯、失列門、山周台、奄克、木良、脫歡禿木兒來歸俱命為頭目送山東青州等衛安插，給月米、房屋、器物、田地。[28]

錦衣衛指揮使武良相的內黃也提到「天順元年差送來降達官往山東安插」[29]。所以青州左衛於天順元年歸附的「山後人」，顯然與迤北韃靼也先帖木兒密切相關，並非洪武移民。而將歸附「山後人」安插至山東等地衛所並不是特例。[30]正統元年（1436）六月，兵部尚書王驥（1378-1460）提到：

> 永樂間來降達官柴永正等俱在真定府居住，乞如其例，遣官送至河間、德州等處。命所在有司撥房屋、給器用、授田地，俾其耕牧生息，誠為便利。今後繼有來降者，請照此例。[31]

德州衛的「山後人」試所鎮撫楊效良、試百戶楊繼宗的祖輩鬼力赤、虎林必失在欽陞簿也分別提到「正統元年閏六月迤西來降達子，除指揮僉事副千戶、百戶、試百戶註河間等衛帶俸安插，德州衛試所鎮撫」、「正統元年迤西來降達子註衛安插項下德州衛試百戶一員虎林必失」，[32]不僅佐證王驥此例的具體實行，同時也說明了自正統元年起歸附軍士陸續安置到山東，其中更包括德州衛的「山後人」。

正統、天順時期歸附的「山後人」不僅說明將「山後人」狹義地定義為洪武四年順寧宜興之民或洪武時期歸附的軍士都是不恰當的，而同時更反映

28 〔明〕陳文等纂：《明英宗實錄》（臺北市：中央研究院歷史語言研究所校印本，1966年），卷284，天順元年十一月癸酉條，頁6089。

29 《中國明朝檔案總匯》，第49冊，頁491。

30 德州衛設立之初本屬山東都司，但自永樂六年改隸「北行後軍都督府」後則直屬五軍都督府。所以德州衛其後雖屬五軍都督府，但地理上卻是在山東。馬光：〈明初山東倭寇與沿海衛所建置時間考——以樂安、雄崖、靈山、鰲山諸衛所為例〉，《學術研究》2018年第4期，頁128。

31 《明英宗實錄》，卷18，正統元年六月乙卯條，頁362-363。

32 《中國明朝檔案總匯》，第68冊，頁164，195。

出「山後人」的歸附並不止於洪武時期，而其實尚有「永樂間來降達官」。翻查現存的武職選簿，最少可以見到有二十八個曾於選簿中被標示為「山後人」的武官家族是於永樂、宣德時期歸附：

表二　永樂至宣德「山後人」歸附表

武官姓名：		武職：	祖輩歸附時間及緣由：	衛選簿：	出處：[33]
1.	高勇	正千戶	永樂元年歸附	保定左衛	68-319,320
2.	祈秀	正千戶	永樂二年來降	錦衣衛	49-427,428
3.	水宗仁	正千戶	永樂四年來降	錦衣衛	49-429
4.	安佐	指揮使	永樂四年來降	燕山左衛	51-131,132
5.	傅宣	指揮僉事	海西兀里奚山衛野人，永樂五年赴京朝貢，除本衛指揮僉事	三萬衛	55-205,206
6.	高欽	指揮僉事	原係亦倫河衛野人頭目，永樂八年保送赴京，陞除兀魯罕山衛正千戶，告願安樂州住，坐三萬衛帶俸	三萬衛	55-211,212
7.	李登	試百戶	永樂八年安插小旗	保定中衛	68-441,442
8.	穆世臣	指揮使	永樂十一年來降	錦衣衛	49-448,449
9.	郤承恩	指揮僉事	永樂十五年來降	錦衣衛	49-392,393
10.	趙承宗	指揮僉事	永樂十五年招安赴京	南京錦衣衛	73-12,13
11.	平衢	副千戶	永樂二十二年來降	錦衣衛	49-435
12.	趙智	指揮同知	永樂二十二年來降	錦衣衛	49-493
13.	金天爵	指揮僉事	洪熙元年來降	錦衣衛	49-341,342
14.	倪孝	指揮同知	洪熙元年來降	錦衣衛	49-484
15.	帖鳳	署指揮僉事	宣德元年來降	錦衣衛	49-420

33 出處均來自《中國明朝檔案總匯》，前者為冊數，後者為該冊的頁數。

武官姓名：		武職：	祖輩歸附時間及緣由：	衛選簿：	出處：[33]
		事正千戶			
16.	汪斌	試百戶	宣德元年投充勇士	武驤右衛	53-158
17.	王用	實授百戶	宣德五年來降	錦衣衛	49-384,385
18.	馬鎮	署指揮僉事事正千戶	宣德六年來降	錦衣衛	49-361
19.	楊儒	指揮使	宣德六年來降	錦衣衛	49-458,459
20.	錢瀾	署指揮使指揮同知	宣德六年來降	錦衣衛	49-482,483
21.	詹勳	正千戶	宣德六年來降	錦衣衛	49-364
22.	馬欽	指揮僉事	宣德六年來降	南京錦衣衛	73-30,31
23.	都守仁	指揮僉事	宣德六年十月來降	錦衣衛	49-395-396
24.	章綱	指揮僉事	宣德七年赴京朝貢	錦衣衛	49-398,399
25.	聞宣	指揮僉事	宣德八年來降	錦衣衛	49-391
26.	姚廷相	署正千戶事副千戶	宣德九年來降	錦衣衛	49-374
27.	王承勳	指揮僉事	宣德十年來降	錦衣衛	49-343,344
28.	張恩	正千戶	宣德十年三月來降	錦衣衛	49-367

而當中值得注意的是三萬衛指揮僉事高欽，或因選簿編制時文獻散佚，無論是一輩兀嘗哈或二輩八十、三輩阿哈的選條都只提到「已載四輩下」，四輩小廝的選條顯然相當重要，而當中是引舊選簿提到：

> 成化十一年二月，小廝，年六歲，山後人，係安樂州住坐，故達官世襲指揮僉事阿哈嫡長男，欽與全俸優給，至成化十九年終住支。成化十八年六月，小廝，山後人，係安樂州住坐，三萬衛帶俸故達官指揮僉事阿哈嫡長男。[34]

34 《中國明朝檔案總匯》，第55冊，頁211。

雖然奇文瑛指出安樂州是成祖設立，用以安置歸附的女真人，[35]而五輩高欽的舊選簿亦載「嘉靖二年三月，高欽，女直人，係安樂州住坐」，但四輩小厮在優給、出幼襲職時卻清楚標示為「山後人」。這毋寧說明「山後人」不過是軍籍身分的登記並不具有族群的含義，所以同一武官家族既是「女直人」也可是「山後人」，同時更清楚表明「山後人」這一身分是包含著不同的族群。蓋四輩小廝的堂稿詳細提到：

> 成化十八年四月，小厮，年十六歲。曾祖兀嘗哈原係亦（按：沒）倫河衛野人頭目，永樂八年保送赴京，陞除兀魯罕山（按：河）衛正千戶，告願安樂州住坐，三萬衛帶俸，二十一年病故。[36]

不論沒倫河衛或兀魯罕河衛皆屬奴兒干都司，為成祖所設的羈縻衛所。所以小廝等一族顯然是來自女真，並非蒙古人。無獨有偶，同是三萬衛的指揮僉事傅宣一族也是來自於東北的羈縻衛所，在他的三輩黑子選條有載：

> 成化十八年堂稿查有：黑子，年二十五歲，祖戳落，原係海西兀里奚山衛野人，永樂五年赴京朝貢，除本衛指揮僉事。九年招諭赴京，願安樂州住坐，三萬衛帶俸。[37]

而作為黑子嫡長男的四輩傅敬，其舊選簿則載「正德九年二月，傅敬，山後人，係安樂州住坐年老達官指揮僉事黑子嫡長男」，但傅宣自身的選條則在籍貫記為「女直人」。[38]再加上，前述正統元年安插至德州衛的「山後人」鬼力赤、虎林必失為「正統元年閏六月迤西來降達子」，這正表明「山後人」

---

35 奇文瑛：〈論明朝內遷女真安置政策——以安樂、自在州為例〉，《中央民族大學學報》2002年第2期，頁51-56；奇文瑛：〈論《三萬衛選簿》中的軍籍女真〉，頁205-206。

36 《中國明朝檔案總匯》，第55冊，頁212。

37 《中國明朝檔案總匯》，第55冊，頁206。

38 《中國明朝檔案總匯》，第55冊，頁206。

並不一定是「迤北」或「蒙古人」，而是包含著「女直人」等不同族群。

故此，透過梳理武職選簿可知所謂「山後人」的歸附早已見太祖開國以前的至正十六年，而且更延續至永樂、宣德、正統甚至天順時期，這意味不同時期歸附的「山後人」，其實是代表著不同的群體。而將「山後人」單純地視為洪武四年移民或洪武時期歸附軍士同一群體的說法，似乎尚待商榷。而「山後人」更像是一種身分登記、標識多於為同一族群。而這種身分是如何形成，我們需要更清楚理解「山後人」的具體字義。

三 歸附來源

過往大抵認為「山後」就是燕山、太行山以北一帶，[39]唯《舊五代史．唐書．莊宗本紀》於同光元年（923）四月則提到「貢、選二司宜令有司速商量施行。雲、應、蔚、朔、易、定、幽、燕及山後八軍，秋夏稅率量與蠲減」[40]，明宗本紀、李嗣本、張溫、李承約與盧文進列傳也分別提到「山後八軍都將」、「遷山後八軍巡檢使」[41]，所以「山後」在後唐時期具有「山後八軍」的軍政分區意義。[42]而《文獻通考．輿地考》的總敘續提到北宋末年，趙良嗣（?-1126）出使與完顏阿骨打（1068-1123）討論聯金滅遼及如何瓜分燕雲一帶，提到「良嗣謂元約山前山後十七州。十七州者，幽、涿、檀、薊、順、營、平、灤、蔚、朔、雲、應、新、嬀、儒、武、寰也。良嗣

39 奇文瑛：《明代衛所歸附人研究——以遼東和京畿地區衛所達官為中心》，頁32。

40 〔宋〕薛居正：《舊五代史》（北京市：中華書局，1976年），卷29，〈唐書五．莊宗．李存勗．紀第三〉，頁403。

41 《舊五代史》，卷35，〈唐書十一．明宗．李嗣源．紀第一〉，頁484。

42 《資治通鑑》的釋文辨誤有考證「余按涿、營、瀛、莫、平、薊、嬀、檀，此盧龍巡屬八州，非山後八軍也。涿、營、瀛、莫、平、薊皆在山前，惟嬀、檀在山後。又有新、武二州，與嬀、檀為四州，置八軍，以備契丹，河東故有山後八軍巡檢使。」〔宋〕司馬光，〔元〕胡三省注：《資治通鑑》（北京市：中華書局，1956年），〈附錄通鑑釋文辯誤卷十二〉，第20冊，頁172-173。

與辨論數四，卒不從」，[43]，可見其時有「山前山後十七州」的劃分，這或因遼朝曾於該地設置「山後五州都管司」。[44]所以「山後」於五代以降並不止是地域，而是地方行政分區。

而元朝混一天下，雖然並未將「山後」劃成軍事或行政分區，但仍然沿襲「山後」的地理概念，元文宗（圖帖睦爾，1304-1332，在位1328-1332）於至順二年（1331）二月所設的「廣教總管府」負責僧尼之政，當中正有「京畿山後道」，而且又敕「探馬赤軍士歲以五月十日遷處山後諸州」，[45]乃至元初太祖有旨「山後百姓與本朝人無異，兵賦所出，緩急得用。不若將河南殘民貸而不誅，可充此役，且以實山後之地」[46]，可知大抵媯州、檀州、新州、武州等自後唐以來被視為「山後」一帶。故此，徐達平定大都後，於洪武四年奏請將周邊居民「入北平州縣屯戍」或「散處衛府」，都是指他們為「山後順寧等州之民」、「北平山後之民」。[47]

所以「山後」並非元代地方行政分區，大抵是沿續後唐以降對該區的舊稱。蓋媯川、檀州在元代屬大都路，[48]武州、新州則分別改為順寧府、保安州並歸上都路，[49]彼此並不屬於同一分區，也使我們難以追溯「山後」於元明之際具體是指那些區域。唯參照洪武四年徐達奏「山後順寧等州之民」並「已令都指揮使潘敬、左傳、高顯徙順寧、宜興州沿邊之民，皆入北平州縣屯戍」，[50]最少可知當時所指的「山後」是包括順寧府、宜興州等一帶，而奇

---

43 〔元〕馬端臨：《文獻通考》（北京市：中華書局，1987年），卷315，〈輿地考一．總敘〉，頁2471。

44 〔元〕脫脫：《遼史》（北京市：中華書局，1974年），卷48，〈百官志四．南面二．南面邊防官〉，頁828。

45 《元史》，卷35，〈本紀第三十五．文宗．圖帖睦爾四〉，頁776-777。

46 〔元〕蘇天爵：《元朝名臣事略》（北京市：中華書局，1996年），卷5，〈中書耶律文正楚材〉，頁77。

47 《明太祖實錄》，卷62、66，洪武四年三月乙巳條、六月戊申條，頁1199，1246-1247。

48 《元史》，卷58，〈地理一．中書省．大都路〉，頁1349。

49 《元史》，卷58，〈地理一．中書省．上都路〉，頁1350-1351。

50 《明太祖實錄》，卷62，洪武四年三月乙巳條，頁1199。

文瑛更透過爬梳通州衛選簿發現當中不少武官是於洪武三、四年間來自故元宜興州、興州，從而得出「山後人」的歸附裨益於北平衛所建置的結論。[51]

而透過梳理現存的武職選簿，的確發現不少「山後人」是來自於順寧府、宜興州、興州等地：

表三　《武職選簿》中的順寧府、興州、宜興州「山後人」

	姓名	武職	祖輩歸附時間	衛選簿	歸附來自	出處[52]
上都路順寧府宣平縣						
1.	王學仁	實授百戶	洪武元年華指揮下歸附編永平衛軍	永平衛	山後宣府宣平縣人	67-257
2.	陳世勛	實授百戶	洪武二年從軍，撥蔚州衛左所	蔚州衛	山後人宣平縣人	70-280,281
3.	呂添貴	副千戶	洪武三年歸附，充蔚州衛左所軍	蔚州衛	山後宣平縣人	70-275,276
4.	甯文	實授百戶	洪武四年從軍	燕山左衛	宣平縣人	51-269 72-33
5.	王守俸	實授百戶	洪武四年充軍	武驤右衛	宣平縣人	53-64,65
6.	宋自強	試百戶	洪武三年軍	蔚州衛	宣平縣人	70-289,290
7.	劉守忠	署副千戶事百戶	洪武三年從軍撥蔚州衛中所	蔚州衛	宣平縣人	70-328,329
8.	馬勳	試百戶		蔚州衛	宣平縣人	70-335
上都路興州[53]						
9.	張綬	試百戶	洪武四年充彭城	武驤右衛	山後人興州	53-156

51 奇文瑛：《明代衛所歸附人研究——以遼東和京畿地區衛所達官為中心》，頁32-34。

52 出處均來自《中國明朝檔案總匯》，前者為冊數，後者為該冊的頁數。

53 興州俗稱為「大興州」、宜興州為「小興州」。（清）穆彰阿：《（嘉慶）大清一統志》，《續修四庫全書》，史部地理類第613冊（上海市：上海古籍出版社據四部叢刊續編本影印，1995年），卷43，〈承德府二・古蹟・宜興故城〉，頁609。

姓名		武職	祖輩歸附時間	衛選簿	歸附來自	出處[52]
			衛右所軍		人	
10.	劉住兒	世襲百戶	洪武九年歸附	金吾右衛	山後興州人	50-137
11.	張龍	實授百戶	洪武四年充馬軍	燕山前衛	山後興州人	52-176,177
12.	王執中	正千戶	洪武十六年充軍	寧遠衛	山後興州人	55-477
13.	李天爵	指揮使	收集充彭城衛	鎮番衛	山後興州人	57-85,86
14.	叚清	副千戶	洪武三年充軍	富峪衛	山後興州人	66-134,135
15.	田相	正千戶	洪武三年收集密雲衛左所軍	義勇後衛	山後興州人	66-370,371
16.	王瑾	副千戶	洪武三年充軍	義勇後衛	山後興州人	66-382,383
17.	劉鸞	副千戶	洪武二年收集充燕山左衛後所軍	南京留守後衛	山後興州人	74-188
18.	康健	副千戶	洪武七年充軍	南京留守後衛	山後興州人	74-189,190
19.	康敖	實授百戶	洪武二年收集充軍	義勇後衛	山後興州人	66-428,429
20.	王藎臣	衛鎮撫	洪武三年充彭城衛中所軍	營州中屯衛	山後興州千戶寨人	69-116,117
21.	劉五十五	正千戶		金吾右衛	興州人	50-298,299
22.	穆保	試百戶	洪武三年充軍	留守中衛	興州人	60-318
23.	劉繼先	實授百戶	洪武三年充軍	留守中衛	興州人	60-352
24.	王思孝	副千戶	洪武三年軍	保定中衛	興州人	68-396,397
25.	朱相	副千戶	洪武十六年充軍	宣府左衛	興州人	69-419
26.	強仕勳	衛鎮撫	洪武三年充彭城衛	威清衛	興州土領寺人	60-129
27.	韓儒	副千戶	洪武四年於張指揮下從軍	通州衛	山後大興州人	52-491,492
28.	郝有孚	正千戶	洪武二十一年軍	大寧中衛	山後大興州人	65-396

姓名		武職	祖輩歸附時間	衛選簿	歸附來自	出處[52]
29.	何傑	副千戶	洪武元年軍	金吾右衛	大興州人	50-430,431
30.	李璋	副千戶	洪武五年充軍	通州衛	大興州人	52-480, 495-496
31.	王子孝	指揮同知		大寧中衛	大興州人	65-296,297
32.	畢得用	正千戶	洪武二十年跟司徒阿速歸附從軍	大寧中衛	大興州人	65-396,397
上都路宜興州						
33.	黃英	副千戶		通州衛	山後宜興州人	52-369,370
34.	郭金	實授百戶		通州衛	山後宜興州人	52-403,404
35.	陳英	指揮僉事	洪武二十年征進金山	高郵衛	山後宜興州人	61-328
36.	李琴	副千戶	洪武六年充大興右衛中所軍	金吾右衛	山後宜興州	50-320
37.	張晣	副千戶	洪武五年歸附充大興右衛軍	金吾右衛	山後宜興州人	50-392,393
38.	劉勛	副千戶		金吾右衛	宜興州人	50-119
39.	張錀	署副千戶事百戶	洪武三年收充軍	懷遠衛	宜興州人	62-362,363
40.	傳鑑	副千戶		義勇後衛	宜興州人	66-388
41.	王勛	正千戶	洪武四年充軍	鎮西衛	宜興州人	71-214
42.	武大勇	副千戶		南京豹韜左衛	宜興州人	74-24,25
43.	魏天祿	副千戶	洪武四年歸附充軍	通州衛	宜興州人	52-366,367
44.	劉虎	指揮同知	洪武四年充彭城衛右所小旗	延慶衛	宜興州人	67-421

姓名		武職	祖輩歸附時間	衛選簿	歸附來自	出處[52]
45.	張仁	正千戶	洪武二年充軍	羽林前衛	山後小興州人	51-19,20
46.	劉堂	副千戶	洪武二年充軍	燕山左衛	山後小興州人	51-321,322
47.	劉綱	正千戶	洪武三年收集充軍，撥燕山右衛所	羽林右衛	山後小興州人	72-390
48.	任國用	副千戶		延慶衛	山後小興州人	67-459
49.	王清	實授百戶	洪武四年自願充通州衛中所軍	通州衛	小興州人	52-507
50	蕭九成	正千戶	洪武二年收集濟南衛後所軍	寧遠衛	小興州人	55-476
51.	郭懷恩	指揮使	洪武三年軍	平越衛	小興州人	60-9,10
52.	楊玉	副千戶	洪武三年充永清右衛軍	大寧中衛	小興州人	65-425,426
53.	張世臣	指揮使	洪武三年從軍	宣府前衛	小興州人	69-167,168
54.	王清	指揮僉事	洪武三年充軍	振武衛	小興州人	71-27,28

必須說明的是，上述「山後人」之所以能辨識其來自的州縣，是由於他們的貼黃乃至於各輩的舊選簿均有清楚提及，如通州衛副千戶黃英的四輩黃真、五輩黃宣、七輩黃鸞、八輩黃繼大、十輩黃材乃至於作為九輩黃英的舊選簿在籍貫上都是填「山後人」，但黃英的外黃則提到「黃英，年三十六歲，係通州衛右所副千戶，原籍山後宜興州人」。值得注意的是，黃英是該武官軍籍的第九輩，舊選簿更提到嘉靖二十四年（1545）才出幼襲職。[54]

54 《中國明朝檔案總匯》，第52冊，頁369-370。

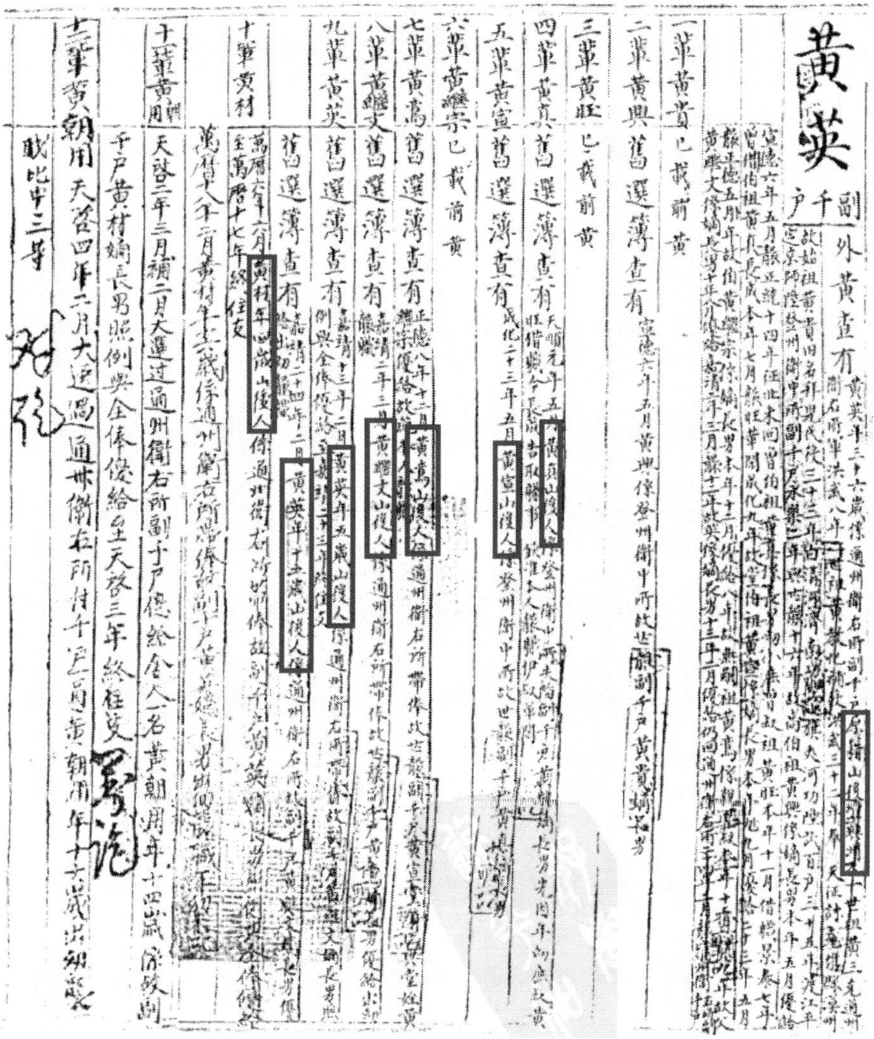

黃英
副千戶
外黃查有　黃英年三十六歲，係通州衛右所副千戶，[illegible]原籍山後[illegible]州[illegible]
故始祖黃貴，旧名菲兒，洪武[illegible]
定遠京師陞登州衛中所副千戶，永樂[illegible]
宣德六年五月，[illegible]正統十四年[illegible]曾伯祖黃真[illegible]伯祖黃興係嫡長男[illegible]
[illegible]
一輩黃貴　已載前黃
二輩黃興　舊選簿查有　宣德六年五月，黃興係登州衛中所故世襲副千戶黃貴嫡長男。
三輩黃旺　已載前黃
四輩黃真　舊選簿查有　天順元年五月，黃真山後人，係登州衛中所[illegible]副千戶黃[illegible]嫡長男[illegible]
五輩黃宣　舊選簿查有　成化二十三年五月，黃宣山後人，係登州衛中所故世襲副千戶黃[illegible]
六輩黃繼宗　已載前黃
七輩黃嵩　舊選簿查有　正德八年十二月，黃嵩山後人，係通州衛右所帶俸故世襲副千戶黃宣[illegible]
八輩黃繼文　舊選簿查有　嘉靖二年三月，黃繼文山後人，係通州衛右所帶俸故世襲副千戶黃[illegible]
九輩黃英　舊選簿查有　嘉靖十三年二月，黃英年五歲山後人，係通州衛右所帶俸故副千戶黃繼文嫡長男[illegible]
[illegible]　舊選簿查有　嘉靖二十四年二月，黃英年十五歲山後人，係通州衛右所[illegible]副千戶[illegible]
十輩黃村　萬曆六年十二月，黃村年[illegible]歲山後人，係通州衛右所帶俸故副千戶黃英嫡[illegible]
至萬曆十七年終住支
萬曆十八年[illegible]月，黃村年[illegible]歲，係通州衛右所帶俸故副千戶[illegible]
十一輩黃用　天啓三年三月，補三月大選，過通州衛右所副千戶，優給舍人一名黃朝用，年十四歲，係故副
千戶黃村嫡長男，照例與全俸優給，至天啓三年終住支。
十二輩黃朝用　天啓四年二月大選，過通州衛右所付千戶一員黃朝用，年十六歲，出幼襲
職，比中三等

圖三　通州衛選簿黃英一族記載

出處：《中國明朝檔案總匯》，第52冊，頁369-370。

換言之，兵部武選司即使在歸附過後近百年，仍能透過帳冊知悉他們的來源地。既然如此，何以黃英一族的籍貫並不直接書以「宜興州」，而是「山後人」？抑或一律只書「山後人」？關鍵在於洪武四年徐達徙北平山後之民時為「散處衛府。籍為軍者，給以糧。籍為民者，給田以耕」。宜興州正於不久後的洪武五年（1372）七月被廢除，[55]所以這些來自「宜興州」的「山後人」便失去了原籍。無獨有偶，不少「山後人」所來自的「興州」也是同時於洪武五年七月被廢，其後更改為營州前屯衛。[56]至於「順寧府」更於徐達奏徙「山後順寧等州之民」時被廢其後改置萬全都指揮使司，其下轄的宣平縣也同時被廢，洪武二十六年（1393）更改為宣府左衛與萬全左衛。[57]而大都路龍慶州懷來縣，也在入明後被廢並改成及後的懷來衛。[58]

表四　元明之際順寧府、興州、宜興州分區流變簡表

元代分區		明初改置	明代分區
1.	上都路順寧府	洪武四年三月，府廢。宣德五年六月置司於此	萬全都指揮使司
2.	上都路順寧府宣平縣	洪武四年，縣廢。二十六年二月置衛	萬全左衛
3.	上都路興州	洪武五年七月廢，二十六年置此衛	營州前屯衛
4.	上都路宜興州	洪武五年七月州廢，存所	宜興守禦千戶所

由此可見，洪武四年徐達為防北元南來，而將「密邇虜境」的山後順寧等州之民散處衛府。而他們原屬的順寧府、興州、宜興州等府州縣，也因而被裁撤改置衛所，致使他們失去原籍。因此在軍籍上填寫已被廢置的州縣也

55 〔清〕張廷玉等纂：《明史》（北京市：中華書局，1974年），卷40，〈地理一・京師・北平行都指揮使司〉，頁909。

56 《明史》，卷40，〈地理一・京師・北平行都指揮使司〉，頁907。

57 《明史》，卷40，〈地理一・京師・萬全都指揮使司〉，頁902-903。

58 《明史》，卷40，〈地理一・京師・萬全都指揮使司〉，頁904。

無意義，這正解釋到何以他們知悉來源的州縣，但卻在籍貫上皆填為「山後人」。

洪武四年來自順寧府、宜興州等地的移民多被學界視為「山後人」，透過追溯他們的原籍可知，他們原籍州縣皆於洪武時期為防北元南下而被廢置，所以「山後人」其實是有用作登記失去原籍歸附軍士的意義。

因此，我們在武職選簿可以找到不少「山後錦州人」、「山後義州人」、「山後廣寧望平縣人」、「山後雲州人」。錦州、義州、雲州與廣寧府在元代均屬於遼陽行省，無論行政分區或是地理位置都與上述的「山後」存在一定的距離，但為何來自這些地方的武官籍貫也被冠上「山後」？歸根究柢，錦州、義州、雲州、廣寧府與上述宜興州、興州、順寧府等也是為配合太祖應對北元的威脅，而被廢除改置衛所，他們也因此而失去原籍歸附於衛所。如以南京鷹揚衛正千戶鄭質家族為例，其外黃提到「鄭質，年十六歲，係南京鷹揚衛左所正千戶，原籍山後遼陽省人。一世祖鄭榮，舊名小童，洪武十年從永平衛前所軍」，而參照三輩鄭綱舊選簿提到「遼陽縣人」。[59]而遼陽縣則正是於洪武十年（1377）被罷而設定遼中衛。[60]所以鄭質與其五輩鄭欽的舊選簿的籍貫也是記為「山後人」。

59 《中國明朝檔案總匯》，第74冊，頁336-337。

60 〔明〕徐學聚：《國朝典彙》，《四庫全書存目叢書》史部政書類第265冊（臺南縣：莊嚴文化事業公司據中國科學院圖書館藏明天啓四年（1624）徐與參刻本影印，1996年），卷88，〈方輿〉，頁545。

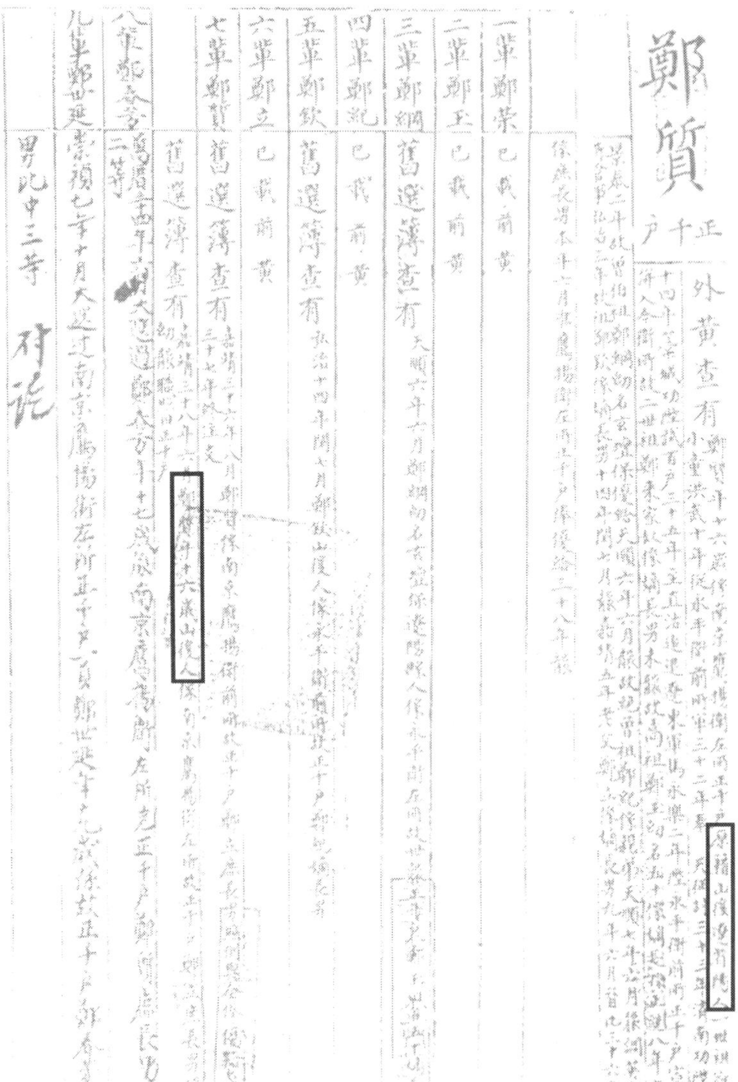

鄭質

正千戶

外黃查有 鄭質，年十六歲，係南京鷹揚衛左所正千戶[illegible]

原籍山後[illegible]人 [illegible]

[illegible]鷹揚衛左所正千戶[illegible]

一輩鄭榮 已載前黃

二輩鄭玉 已載前黃

三輩鄭綱 舊選簿查有 天順六年六月鄭綱[illegible]

四輩鄭紀 已載前黃

五輩鄭欽 舊選簿查有 弘治十四年閏七月鄭欽山後人[illegible]

六輩鄭立 已載前黃

七輩鄭質 舊選簿查有 嘉靖三十六年八月鄭質係南京鷹揚衛[illegible]

舊選簿查有 嘉靖三十八年[illegible] 鄭質年十六歲山後人[illegible]

八輩鄭令宗 [illegible] 二等

九輩鄭世廷 崇禎七年十月大選過南京鷹揚衛左所正千戶[illegible]

男[illegible]中三等 [illegible]

圖四　南京鷹揚衛選簿鄭質一族記載

出處：《中國明朝檔案總匯》，第74冊，頁336-337。

元代分區		明初改置[61]	明代分區
1.	大寧路廣寧府	洪武初廢。二十三年五月置衛	廣寧衛
2.	大寧路錦州	洪武初，州廢。二十四年九月置衛。	廣寧中屯衛
3.	大寧路義州	洪武初，州廢。二十年八月置衛。	義州衛
4.	東寧路雲州	洪武三年七月屬北平府。五年七月廢。宣德五年六月置堡。	雲州堡

洪武二十年隨著納哈出（？-1388）歸降的故元軍士，也因失去本來的軍籍或戶籍而有被登記為「山後人」。高郵衛指揮僉事高勳的內黃提到「宋冬里不花，碧山人，先納哈出下鎮撫，洪武二十年歸附充總旗」，而其五輩宋臣的舊選簿也載籍貫為「山後人」，[62]而同是碧山漢人的高郵衛正千戶劉春保的內黃也載「劉早都，碧山漢人，有父劉朵羅歹，先係納哈出正千戶，洪武二十年迷河於宋國公處歸附赴京」，而其四輩劉綱、五輩劉端的舊選簿也登記為「山後人」。[63]同時高郵衛的所鎮撫王椿的外黃則提到：「王政，漢人，錦州軍籍，有祖父王思齊，前太常僉院。洪武二十年將領軍人二十六名納納哈出歸附」，[64]誠如上述錦州為元代大寧路而被裁撤，所以「錦州軍籍」顯然是元代的登記，但隨著錦州被裁，所以其有登記為「漢人」，而四輩王輅、五輩王岐、六輩王崘、七輩王閣的舊選簿也是以「山後人」登記。[65]

61 《明史》，卷40、41，〈地理一・京師・萬全都指揮使司〉、〈地理二・山東・遼東都指揮使司〉，頁905，954-955。

62 《中國明朝檔案總匯》，第61冊，頁329-330。

63 《中國明朝檔案總匯》，第61冊，頁358-359。

64 《中國明朝檔案總匯》，第61冊，頁373。

65 《中國明朝檔案總匯》，第61冊，頁373-374。

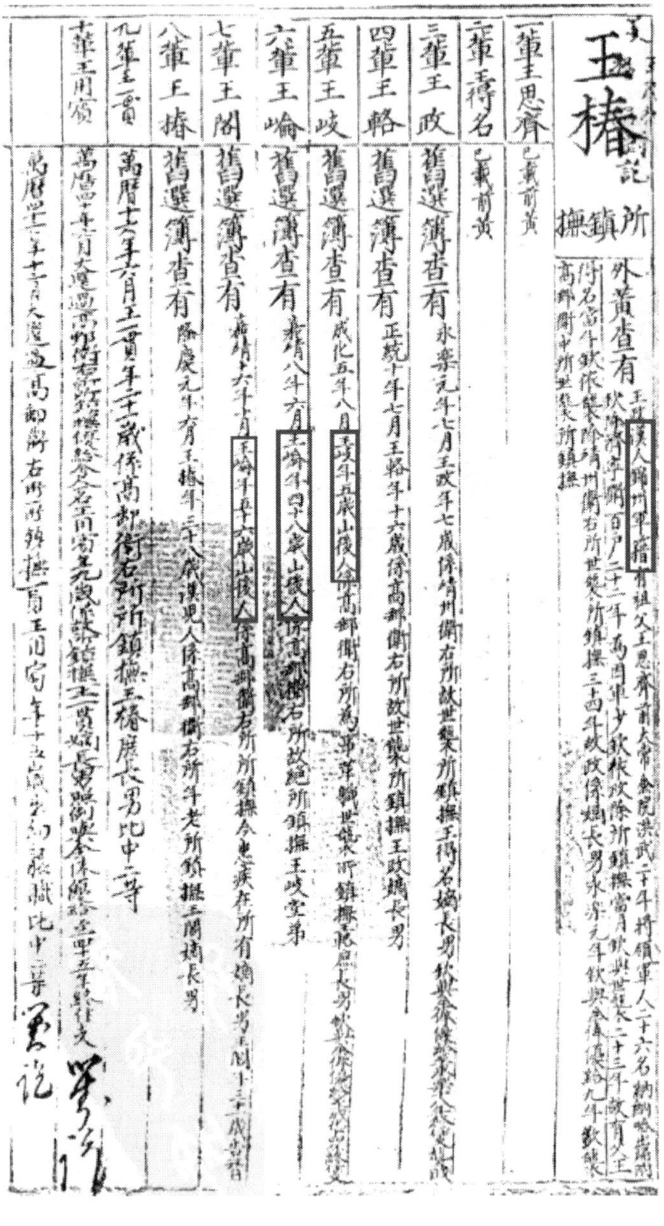

王椿 [illegible]記 所鎮撫

外黃查有 王政 [illegible]人歸附軍[illegible] 有祖父王思齊前大寧[illegible]洪武二十年將領軍人二十六名[illegible] 伏[illegible]百戶二十二年為[illegible]欽依改除所鎮撫當月欽與世襲二十三年故有父王得名當年欽依[illegible]除[illegible]州衛右所世襲所鎮撫三十四年故政係嫡長男永樂元年欽與[illegible]九年欽[illegible] 高郵衛中所世襲所鎮撫

一輩王思齊 已載前黃

二輩王得名 已載前黃

三輩王政 舊選簿查有 永樂元年七月王政年七歲係[illegible]州衛右所故世襲所鎮撫王得名嫡長男[illegible]

四輩王輅 舊選簿查有 正統十年七月王輅年十六歲係高郵衛右所故世襲所鎮撫王政嫡長男

五輩王岐 舊選簿查有 成化五年八月[illegible]年[illegible]歲山後人係高郵衛右所為事革職世襲所鎮撫[illegible]長男[illegible]

六輩王崙 舊選簿查有 嘉靖八年六月王崙年四十八歲山後人係高郵衛右所故絕所鎮撫王岐堂弟

七輩王閣 舊選簿查有 嘉靖十六年十月王閣年[illegible]歲山後人係高郵衛右所所鎮撫今患[illegible]疾在所有嫡長男[illegible]年十三歲[illegible]

八輩王椿 舊選簿查有 隆慶元年六月王椿年二十八歲[illegible]見人係高郵衛右所年老所鎮撫王閣嫡長男

九輩王晉 萬曆十六年八月王晉年二十二歲係高郵衛右所所鎮撫王椿庶長男比中二等

十輩王用賓 萬曆四十[illegible]年[illegible]月大選過[illegible]所鎮撫王[illegible]嫡長男[illegible] [illegible]

萬曆四十[illegible]年十[illegible]月大選過高郵衛右所所鎮撫[illegible]王用賓年十[illegible]歲[illegible]比中二等 [illegible]記

圖五　高郵衛選簿王椿一族記載

出處：《中國明朝檔案總匯》，第61冊，頁373-374。

四 小結

所以「山後人」作為軍籍登記，乃由於洪武四年徐達考慮到順寧府、宜興州等地「密邇虜境」威脅邊防，不僅將當地居民「散處衛府，籍為軍」，更裁撤這些府州並改置為衛，致使「山後之民」失去原屬的府州，只好以「山後人」作為軍籍上的籍貫以取代「原籍」。「山後人」遂成為失去或沒有原籍的歸附軍士於軍籍上的籍貫，隨著殘元勢力被擊潰瓦解，更多軍士相繼歸附來降，特別是洪武二十年隨著納哈出歸降的故元軍士。由於太祖接掌殘元沿邊勢力並不一定延續其行政分區乃至戶籍制度，致使他們失去原有的戶籍或軍籍而成為「山後人」。「山後人」也包括了「錦州軍籍」、「碧山漢人」等等，所以「山後人」並不是指特定族群，而是因應處理失去原籍歸附軍士而出現的軍籍登記。

透過研讀現存的武職選簿可以發現，「山後人」的含意比過往定義遠為複雜，早於開國以前的至正十六年，晚至英宗天順時期的歸附軍士，在選簿籍貫上皆可為「山後人」。明代武官、軍戶皆為世襲，軍籍籍貫更是相沿不替。同一武官的選簿更可在各輩的籍貫同時提及「山後人」與「女直人」、「金山人」、「碧山漢人」等，這說明了「山後人」某程度上是代表這些不同的族群，而應更進一步考慮的是「山後人」這一身分在軍政上有何意義？致使他們在籍貫上也使用。

第三章
「山後人」的軍政管理

當然「山後人」並非歸附軍士唯一的軍籍登記，過往尤以「達官」最受學界關注。[1]奇文瑛甚至提出「寄籍達官」與「軍籍達官」的區分，進一步精細「達官」的研究。[2]「山後人」與「達官」雖然在意義上都是指衛所的歸附軍士，但兩者又有何差異？在軍政管理上有何關係與區別？這些都是必須解答的問題。

再者，「山後人」最初僅指洪武四年北平順寧、宜興一帶的移民，其後陸續擴展成處理失去或沒有原籍的歸附軍士籍貫，即使天順元年歸附的迤北韃靼也可在軍籍上視為「山後人」。所以「山後人」在軍政管理上有何意義，以至能適用於從至正十六年至天順元年的歸附軍士，無疑是值得探討。

特別是崇禎二年（1629）的《選過優給優養簿》分別提到「張應文，年八歲，山後人，係寬河衛後所故實授百戶張校嫡長男，照例與全俸優給，至崇禎八年終住支」[3]、「張昌祚，年三歲，山後人，係河間衛右所故正千戶張顯爵嫡長男，照例全俸優給，至崇禎十二年終全住支」[4]，正說明了「山後人」的身分至明末仍具有軍政管理的作用，致使崇禎的《選過優給優養簿》仍然記及「山後人」的身分。因此，「山後人」在軍政管理上有何意義或區別待遇，而這些差別措施是始於何時，用以解決什麼問題，並又對「山後

1 彭勇：〈明代「達官」在內地衛所的分布及其社會生活〉，《內蒙古社會科學（漢文版）》2003年第1期，頁15-19；周松：〈明朝對近畿達官軍的管理——以北直隸定州、河間、保定諸衛為例〉，頁81-92；周松：〈明朝北直隸「達官軍」的土地占有及其影響〉，頁76-84；周松：〈明代達官民族身分的保持與變異——以武職回回人昌英與武職蒙古人昌英兩家族為例〉，頁63-67；奇文瑛：〈碑銘所見明代達官婚姻關系〉，頁167-181。

2 奇文瑛：《明代衛所歸附人研究——以遼東和京畿地區衛所達官為中心》，頁120-188。

3 《中國明朝檔案總匯》，第76冊，頁253。

4 《中國明朝檔案總匯》，第76冊，頁269。

人」與明朝造成怎樣的影響。這些都是我們可以從「山後人」作為切入，瞭解明代如何進行歸附軍政的管理及其意義。

既然「山後人」是在軍籍上作為失去或沒有原籍的歸附軍士籍貫，所以我們首先要瞭解籍貫於軍籍上有何意義。

一　軍籍與籍貫

過往認為明代衛所承襲元制，沿襲「將軍人用戶籍固定起來，使其世代當軍」的軍戶制度。[5]唯元代戶籍文冊多已毀於易代兵燹，[6]明初無疑需要重新建立戶籍制度。故洪武三年（1370）命戶部制「戶帖」書「其戶之鄉貫、丁口、名、歲」[7]。洪武十四年（1381）更進一步「命天下郡縣編賦役黃冊」。[8]至於軍籍方面，其實早於洪武元年（1368）頒布的《大明令》已提到：

> 凡軍民以籍為定，軍官頭目無得巧立名色，徑行勾捉百姓充軍。民戶亦不得詐稱各官軍人貼戶，躲避差役。果有在逃軍人，在內申奉大都督府，在外申奉行中書省明文，方許勾取。[9]

從「民戶亦不得詐稱各官軍人貼戶，躲避差役」可知軍籍建立的目的之一，乃在於從「差役」上與民戶作出區別，從而形成包括「軍人貼戶」的「軍戶」，所以軍籍是確立「軍役」，形成軍戶制度的重要根據。《明太祖實錄》洪武十五年（1382）八月癸巳條提到：

---

5 于志嘉：《明代軍戶世襲制度》（臺北市：臺灣學生書局，1987年），頁47。

6 張金奎：《明代衛所軍戶研究》（北京市：線裝書局，2007年），頁25。

7 《明太祖實錄》，卷58，洪武三年十一月辛亥條，頁1143。

8 《明太祖實錄》，卷135，洪武十四年正月是月條，頁2143-2144。

9 《大明令》，載懷效鋒點校：《大明律》（北京市：法律出版社，1999年），頁257。

> 勅諭平山衛指揮使司曰：近東昌府奏言平山衛遣軍三百餘人，歷郡縣，追逮軍役。凡民家養子贅壻，悉被拘繫。夫朝廷軍伍之制，有應補者，當明移文取之，今不上稟朝廷，而妄自遣軍，徧擾吾民，可謂無法矣。勅至其指揮陳鏞親率幕官至京具陳其由。[10]

雖然這條記載是指太祖斥責平山衛妄自遣軍追逮軍役，但從《大明令》可知「軍役」是建基於「軍籍」，故平山衛至東昌府「追逮軍役」，某程度說明了其時軍籍是載有關於軍役的籍貫登記，特別是上述又提到「有應補者，當明移文取之」。至於太祖斥責「凡民家養子贅壻，悉被拘繫」，正反映出其時軍籍、軍役管理的混亂，所以洪武十六年（1383）命給事中潘庸等及國子生、各衛舍人分行天下都司衛所清理軍籍。[11]翌年勾取軍役則又提到：

> 己巳，兵部尚書俞綸言五府十衛軍士亡故者，皆遣人於舊貫取丁補伍。間有戶絕丁盡而冒取同姓名者，或取其同姓之親者，致民被擾，不安田里。自今乞從有司覈實發補，府衛不必遣人，上從之。令見差者悉召還京。[12]

「五府十衛軍士亡故者，皆遣人於舊貫取丁補伍」無疑更清楚說明了軍籍是需要清晰的籍貫登記，致使軍士亡故後，兵部可透過軍籍去該軍士的原籍「取丁補伍」。但其時仍出現「冒取同姓名者」或「取其同姓之親者」等問題，致使洪武二十一年（1388）八月太祖再以「內外衛所軍伍有缺，遣人追取戶丁，往往鬻法，且又騷動於民」軍政管理混亂為由，下詔整頓全國的軍戶戶籍：

> 自今衛所以亡故軍士姓名、鄉貫編成圖籍送兵部，然後照籍移文取

---

10 《明太祖實錄》，卷147，洪武十五年八月癸巳條，頁2319。

11 《明太祖實錄》，卷156，洪武十六年九月是月條，頁2432。

12 《明太祖實錄》，卷164，洪武十七年八月己巳條，頁2533-2534。

之，毋擅遣人，違者坐罪。尋又詔天下郡縣以軍戶類造為冊，具載其丁口之數，如遇取丁補伍，有司按籍遣之，無丁者止，自是無詐冒不實役及親屬同姓者矣。[13]

軍戶冊籍因而制定成兩類：其一，為記載亡故軍士姓名、鄉貫，由衛所編造後送兵部的「清勾冊」；其二，為各府州縣編造包括天下郡縣所軍戶及其丁口之數的「軍戶戶口冊」。而往後勾軍則先由衛所造冊至兵部立案，再由兵部收集各衛清勾冊整理並按各軍原籍移有司，由有司依軍戶戶口冊進行清勾，形成「衛所—兵部—州縣」的三方聯繫。[14]軍籍上的籍貫不再局限於兵部文案，籍貫上涉及的各地州縣亦因而必須編造「軍戶戶口冊」，令各地與軍籍的登記、管理更為關係緊密。[15]軍籍上的籍貫不單牽動整個衛所軍政，更深深契入明代的戶籍與差役。顧誠於〈談明代的衛籍〉也透過李東陽、海瑞（1514-1587）等人的籍貫指出衛籍的複雜性。[16]

由此可見，明代軍籍的籍貫登記可謂茲事體大，左右著軍戶與軍役的供應。而更為重要的是，影響著衛所軍士的調配。明初規定軍士不得在本籍一帶服役從軍，早如太祖實錄就有洪武二十四年二月甲寅條提到「前軍都督府奏發福建汀州衛卒餘丁往涼州補伍」。[17]而王毓銓更引正統二年（1437）楊士奇（1365-1444）等奏「監察御史清軍有以江北人起解南方極邊者，有以江南人起解北方極邊者，彼此不服水土，死於寒凍瘴癘，深為可憫」建議「江北清出軍丁，就發遼東甘肅一帶衛所補伍。江南清出軍丁，就發雲南、貴州、兩廣衛所補伍」[18]，認為衛所軍士多以「南人調北衛，北人調南衛」。唯于志嘉則指出其實大多數軍士最初都分配與原籍不遠的衛所，但隨著多次改

---

13 《明太祖實錄》，卷193，洪武二十一年九月戊戌條，頁2907。

14 于志嘉：《明代軍戶世襲制度》，頁52。

15 于志嘉：〈明代軍戶家族的戶與役：以水澄劉氏為例〉，《中央研究院歷史語言研究所集刊》第89本第3分（2018年9月），頁579-583。

16 顧誠：〈談明代的衛籍〉，頁56-65。

17 《明太祖實錄》，卷207，洪武二十四年正月甲寅條，頁3086。

18 《明英宗實錄》，卷37，正統二年十二月丁卯條，頁714-715。

調而逐漸分散，增加清勾、解衛的難度，迫使軍政條例的制定與推行。[19]

在這軍籍管理下，明代軍戶制度規定，每一軍戶須派遣一丁前往衛所充當士卒作為「正軍」，而同時軍戶還需另出「餘丁」隨同正軍赴衛，在營生產，佐助正軍，供給正軍的資費。本鄉的軍戶還需留一丁作為「繼丁」，以供營為在營軍丁，在正軍逃亡或病故，作為補伍。這就是李龍潛提到的「在營軍戶」與「郡縣軍戶」。[20]

而于志嘉更進一步指出由於明初規定軍戶不得分戶，致使同一軍籍的軍戶分處衛所、原籍兩地。但隨著正軍及其家小與在衛餘丁駐屯日久，並在該地落地生根、購置田產，宣宗實錄的宣德六年（1431）七月辛巳條提到「四川成都前等衛、雅州等千戶所旗軍。自洪武間從軍，子孫多有不知鄉貫者，亦有原籍無戶名者。今但正軍餘丁一、二人在營，其餘老幼有五、七人至二、三十人者，各置田莊，散處他所，軍民糧差俱不應辦」[21]，同時也有軍戶的原籍餘丁為了逃避地方賦役而藏匿於衛所，故宣德六年（1431）三月攢造黃冊「清理戶口錢糧」時發現「各處人戶或充軍役并有垛集充軍，其戶下人丁及貼戶畏避原籍糧差，匿于衛所屯堡者，所司挨查申報」。[22]所以明初這一規定至宣德時期衍生不少問題，時任禮部尚書兼戶部事的胡濙（1375-1463）更希望將衛所軍士的親屬遣回原籍，以免影響原籍的地方賦役。[23]隨著土木之變造成的邊防壓力，于謙（1398-1457）認為無論將寄籍或是「軍餘」遣回原籍都影響其時急缺的軍伍。因此，在正統以後要求衛軍落地生根，在衛繁衍家族。衛軍缺伍，以在營餘丁補伍。衛所軍戶絕嗣，才由衛所

19 于志嘉：〈試論明代衛軍原籍與衛所分配的關係〉，《中央研究院歷史語言研究所集刊》第60本第2分（1989年6月），頁367-450。

20 曹國慶：〈試論明代的清軍制度〉，《史學集刊》1994年第3期，頁10；李龍潛：〈明代軍戶制度淺論〉，《北京師範學院學報（社會科學版）》1982年第1期，頁46；張金奎：《明代衛所軍戶研究》，頁168-169。

21 〔明〕楊士奇等纂：《明宣宗實錄》（臺北市：中央研究院歷史語言研究所校印本，1966年），卷81，宣德六年七月辛巳條，頁1880-1881。

22 《明宣宗實錄》，卷77，宣德六年三月丙子條，頁1790。

23 張金奎：《明代衛所軍戶研究》，頁168-169。

造「清勾冊」回原籍勾補，[24]因此形成同一軍籍出現「附籍軍戶」、「原籍軍戶」與「衛所軍戶」。[25]

籍貫可謂軍籍構成不可或缺的一環，明初軍戶戶籍的整理往往也涉及籍貫。洪武二十一年整頓全國軍戶戶籍，不僅有記載亡故軍士姓名、鄉貫的「清勾冊」，各地府州縣更要對應編造「軍戶戶口冊」。軍籍上的籍貫是維繫軍戶軍役供應，軍士調配的必要條件。

與之同時，民間也為了對應軍役而發展出「附籍軍戶」、「軍籍軍戶」與「衛所軍戶」。軍籍上的籍貫，不僅是衛所軍政運行的必要資訊，更是影響整個建基於戶籍制度的民間社會。故此，沒有原籍的「山後人」則成為這種軍政體制下的特例。

二　「山後人」的軍政管理

明初軍籍的出現就是為了透過軍役區分軍戶與民戶，從而確保軍士供應。軍籍的登記對於明代軍政管理無疑是非常重要。洪武四年歸附「山後」諸州等移民由於他們原屬的順寧府、宜興州等府州，為設置抵禦北元的邊防而被裁撤。他們亦因此失去原屬府州，致使「山後人」遂成為他們軍籍上的籍貫登記。錦州、義州、廣寧府等遼東、山西乃至迤北一帶的移民、前元官兵、蒙古等游牧部落等也由於失去或沒有原籍，在歸附後也順理成章地在軍籍登記成「山後人」。靖難之役後，成祖（朱棣，1360-1424，在位1402-1424）於永樂元年（1403）書諭世子朱高熾（1378-1425）提到：

> 山後官員軍民，本皆無罪之人。曩因建文殘害骨肉，禍及無辜，不得已逃遁，飄零艱窘，深可哀矜，今既來歸，其令官仍原職，兵仍原

24 于志嘉：〈論明代垛集軍戶的軍役更代——兼論明代軍戶制度中戶名不動代役的現象〉，頁63。

25 于志嘉：〈明代軍戶家族的戶與役：以水澄劉氏為例〉，頁542。

伍，民仍原業，咸加綏撫，後有歸者，悉如之。[26]

可知「山後人」的軍籍登記早在永樂以前已經流通。而于志嘉於〈論明代垛集軍戶的軍役更代——兼論明代軍戶制度中戶名不動代役的現象〉從鎮西衛指揮僉事王世勳、鎮虜衛正千戶耿言、寧遠衛試百戶趙國臣、柳州衛指揮僉事史直、建寧右衛指揮同知張櫛、汀州衛副千戶王祐、南京留守後衛實授百戶王敬與興武衛世襲百戶王欽等八位「山後人」的選簿發現亦有「代役」、「頂外祖姓名充軍」等「戶名不動代役」的情況，[27]正說明「山後人」雖然沒有原籍，但頂名代役的情況卻與一般軍戶無異，特別是義勇左衛副千戶王龍的內黃又提到「王林，舊名頂住，山後人，義祖帖住驢，洪武三年充密雲衛左所軍。年老，頂住代役」[28]，而衛選簿也提到一輩為王林即頂住，這也證明了「山後人」也如同其他軍戶般有義男充役的情況。[29]所以值得考慮的是，沒有原籍的「山後人」在軍政管理上有何特別意義。

洪武元年的《大明令》將「軍民以籍為定」，旨在杜絕巧立名目捉百姓充軍、民戶避役，以至勾取在逃軍人等問題。唯因明初軍籍管理制度尚未完備，直至洪武二十一年整頓全國的軍戶戶籍才編成「清勾冊」與「軍戶戶口冊」，形成「衛所—兵部—州縣」的清勾形式，因而令各府縣官員承擔了軍役清勾的工作。而隨著衛所軍士的改調分散，令軍士與原籍日漸散遠，軍籍管理更為困難，[30]並衍生不少流弊，最終促成宣德時期形成清軍制度。可見，明初軍籍的建立與發展，毋寧是為了確保清勾等得以進行，以穩定軍役的供應。故此，沒有原籍的「山後人」，又是如何處理清勾軍伍等問題？

---

26 〔明〕楊士奇等纂：《明太宗實錄》（臺北市：中央研究院歷史語言研究所校印本，1966年），卷25，永樂元年十一月戊寅條，頁450。

27 于志嘉：〈論明代垛集軍戶的軍役更代——兼論明代軍戶制度中戶名不動代役的現象〉，頁73-81。

28 《中國明朝檔案總匯》，第66冊，頁380。

29 于志嘉：〈明代軍戶中的家人、義男〉，《中央研究院歷史語言研究所集刊》第83本第3分（2012年9月），頁507-570。

30 于志嘉：〈試論明代衛軍原籍與衛所分配的關係〉，頁367-450。

1 清軍

雖然洪武二十一年制定「清勾冊」與「軍戶戶口冊」管理全國軍籍，但在執行上似乎遇到不少問題。永樂十二年（1414）十月成祖諭行在兵部時已提到：

> 今天下軍伍不整肅，多因官吏受賕。有縱壯丁而以罷弱補數者，有累歲缺伍不追補者，有偽作戶絕及以幼小紀錄者，有假公為名而私役於家者，遇有調遣，十無三四，又多是幼弱老疾，騎士或不能引弓，步卒或不能荷戈，緩急何以濟事。宜先榜示禁約，後遣人分行閱視。步騎之士皆須壯健，能馳射擊刺。隊伍須實，軍律須嚴。若復踵前弊，必罪不貸。[31]

雖然洪武後期確立了由衛所造冊，並交由兵部集合各衛制定清勾冊，再移文有司按「軍戶戶口冊」在各地進行勾補，但問題在於執行的官吏受賄，致使軍伍管理出現嚴重問題。而宣宗（朱瞻基，1399-1435，在位1425-1435）即位伊始，興州左屯衛軍士范濟就上言八事，當中正提到「勾軍擾害」：

> 臣在軍伍四十餘年，謹陳勾軍之弊。凡衛所勾軍，有差官六、七員者，百戶所差軍旗或二人或三人者，俱是有力少壯，及平日結交官長，畏避征差之徒，重賄貪饕。官吏得往勾軍，及至州縣，專以威勢虐害。里甲既豐其饋饌，又需其財物。以合取之人及有丁者，釋之，乃詐為死亡、無丁可取。是以宿留不回有違限二三者，有在彼典顧婦女成家者，及還則以所得財物，賄其枉法。官吏原奉勘合朦朧呈繳，較其所取之丁，不及差遣之數，欲求軍不缺伍，難矣！自今事故軍

31 《明太宗實錄》，卷157，永樂十二年十月辛巳條，頁1797-1798。

> 士，令各衛造冊備申都府，兵部發勘合勾取。令布政司、按察司督責府州縣，依發去勾軍冊內鄉貫、姓名一一勾取起解，定以到衛限期，仍取衛所收管繳報，年終朝覲於實徵內開寫節次，取發到某里軍人若干名，死亡戶絕者若干名，具奏其官吏姓名并里甲隣人，保結文狀，繳申府部以憑稽考庶，免差人勾擾之弊。[32]

勾補由於各地州縣官吏、里甲等互相勾結，致使「合取之人」、「有丁者」詐為死亡或無丁可取，令到「所取之丁，不及差遣之數」缺伍嚴重。因此，時任行在兵部尚書張本（1367-1431）於同年九月以「兵政未清」奏請分遣大臣各處清理軍伍並制定「清理事例八條」，當中就勾補的問題提到：

> 勾丁補役，務要照例勾解。如果丁盡戶絕，當該州縣具由類造文冊，差人具奏，仍將官吏里隣人等，不致賣放軍役，重甘保結，文狀繳送兵部查理。若軍戶下本有人丁，比先捏作，朦朧無勾，即便改正勾解，與免前罪。若又扶捏回申事發之日，軍丁發邊遠充軍，原保結里隣人等將發附近衛所充軍，官吏依律坐罪。[33]

可見編造「清勾冊」、「軍戶戶口冊」亦無法杜絕各類勾取軍士補伍的弊端。因此，張本只好透過制定更具體的軍政條例以作規範。當中「清理事例八條」更針對勾丁補役時，指出如原籍軍戶「丁盡戶絕」，為免官吏里隣人「賣放軍役」，則需重甘保結，文狀予兵部查理。可見，原籍軍戶「丁盡戶絕」的問題，因為清軍而逐漸提上軍政管理的日程。

而宣德三年（1428）二月更進一步將「清理事例八條」擴充為「新定清理事例十一條」，並派出清理軍伍監察御史、給事中分別前往四川、河南、山西、浙江、江西、廣西、廣東、山東、湖廣及南北直隸「清理兵伍」。而

32 《明宣宗實錄》，卷6，洪熙元年閏七月甲寅條，頁151-157。

33 《明宣宗實錄》，卷9，洪熙元年九月癸丑條，頁239-243。

就「丁盡戶絕」的問題則延續前八條，並提到「軍士如戶絕，有司及鄰里從實保勘，類冊具奏，即為除豁，免致勾擾，貽害平民。若徇私欺隱，以有作無，如例問罪」。[34]但在清理軍伍的過程中，發現「自洪武永樂逮今二三十年」的逃軍勾取問題積壓未處理，所以宣德四年（1429）七月張本又奏：

> 中外衛逃軍有自洪武永樂逮今二三十年勾取未獲者，蓋因徵差等項，或在衛所，或在遠方死亡不明，所管官旗不知的實，亦有知而畏罪，不敢從實呈報，概作逃逸行勾。戶下有丁者先解，無丁則枚限隣里，徒使平人無辜受害，終無完期，欲遍行天下所屬官吏軍旗人等從公保勘開豁。如果不知下落，曾經三次以上，有司里長親鄰保結無者，依故軍事例停勾，仍具由造冊回報，以憑覆勘定奪。[35]

同年八月進一步制定「勾軍條例」，當中正針對「丁盡戶絕」提到：

> 自今所勾軍士，如有丁盡戶絕及山後諸處人挨無名籍之類的實無勾者，軍衛務稽考各軍從軍緣由，遣人同有司官吏、里老人等挨勘至再三無勾，保結申報軍衛。有司各仍造冊，備寫各軍來歷根因，並再三所遣之人及申報官吏人等姓名，通以無勾緣由，轉繳兵部以憑開豁。如所該官吏推調遷延，展轉泛填勘合，虛文擾害。及勾軍之人，妄指平民者，罪之。[36]

所以在清理軍伍、處理勾軍時，張本等意識到「山後人」作為歸附軍士，其實如同「丁盡戶絕」於原籍是「無名籍」而無法勾取的「實無勾者」。因而將「丁盡戶絕」的處理方法延伸至「山後人」並編進「勾軍條例」。自此「山後人」的勾軍處理方式明確地成為軍政條例，不僅編進正統

34 《明宣宗實錄》，卷36，宣德三年二月甲寅條，頁889-893。

35 《明宣宗實錄》，卷56，宣德四年七月己巳條，頁1341-1342。

36 《明宣宗實錄》，卷57，宣德四年八月癸未條，頁1352-1358。

《軍政條例》，[37]往後諸如嘉靖《軍政條例類考》與《軍政條例續集》，以至萬曆時期譚綸（1519-1577）《軍政條例》也分別於〈清審條例〉、〈查勘丁盡戶絕軍士〉輯錄「丁盡戶絕及山後等處人氏挨無名籍等項」。[38]更為重要的是，正德、萬曆《大明會典》也先後於〈根捕逃軍勾補軍士〉、〈勾補〉節輯了「（宣德四年）凡丁盡戶絕軍，及山後人，查無名籍者，軍衛有司會勘造冊，繳部開豁」。[39]

由此可見，宣德四年「勾軍條例」將「山後人」等同於原籍「丁盡戶絕」的「實無勾者」，成為處理「山後人」勾軍的重要軍政條例，不僅為嘉靖、萬曆的各類軍政條例編集。更為重要的是，收錄於正德、萬曆的《大明會典》，成為流通全國的重要規章。甚至嘉靖十一年（1532）兵部尚書王憲（?-1537）更定清軍事宜，也是在這基礎上改為「丁盡戶絕并山後人氏挨無者、查照軍政條例及節年題准事例，候經勘五次以上，送清軍御史處審實類繳，免其再勾」。[40]

而歸根究柢，「山後人」的勾軍處理方式源於「清理軍伍八例」就「丁盡戶絕」在原籍無法勾軍的處理。所以「山後人」沒有原籍的性質，致使其於勾軍上有區別的處理，在俸給甚至刑法等方面也是如此。

---

37 〔明〕張本、王驥議定：《軍政條例》，《中國珍稀法律典籍集成》，乙編第2冊（北京市：科學出版社以北京圖書館藏明嘉靖年間南直隸鎮江府丹徒縣官刊皇明制書為底本影印，1994年），頁9。

38 《軍政條例類考：六卷》，《續修四庫全書》史部政書類第852冊（上海市：上海古籍出版社據北京圖書館藏明嘉靖三十一年（1552）刻本影印，1995年），卷3，〈清審條例〉，頁32-33；〔明〕孫聯泉編纂：《軍政條例續集：五卷》，《天一閣藏明代政書珍本叢刊》第15冊（北京市：線裝書局據明嘉靖三十一年（1552）江西臬司刻本影印，2010年），頁149-150、368-369、405；第16冊，頁72、170；〔明〕譚綸等撰：《軍政條例：七卷》（日本內閣文庫藏明萬曆刊本），卷2，〈戶丁類・查勘丁盡戶絕軍士〉，頁4b-5a。

39 〔明〕李東陽等纂：《（正德）大明會典》（東京：汲古書院，1989年），卷124，〈根捕逃軍勾補軍士〉，第3冊，頁83；〔明〕申時行等修：《（萬曆）大明會典》，《續修四庫全書》史部政書類第791冊（上海市：上海古籍出版社據明萬曆內府刻本影印，1995年），卷154，〈軍政一・勾補〉，頁598。

40 《（萬曆）大明會典》，卷155，〈軍政二・清理〉，頁614；〔明〕王憲：《王康毅奏疏》，收入〔明〕陳子龍編：《皇明經世文編》，卷99，〈計處清軍事宜〉，頁874。

2 俸給——「山後官軍俸例」

李賢〈達官支俸疏〉提到：

> 切見京師達人不下萬餘，較之畿民，三分之一。其月支俸米，較之在朝官員，亦三分之一。而實支之數，或全或半，又倍蓰矣。且以米俸言之，在京指揮使正三品，該俸三十五石，實支一石。而達官則實支十七石五斗，是贍京官十七員半矣。[41]

這正說明由於在京「達官」月支俸米上的優待，其所支俸米幾近是同級指揮使的十七倍半。再加上京師聚居了為數不少的「達官」，因而造成了沉重的財政負擔。至於同為歸附軍士的「山後人」在俸給上又是如何處理？而這又與他們的駐屯有何關係？《明宣宗實錄》提供了重要的線索，宣德三年十二月庚子條提到：

> 行在戶部尚書郭敦奏在京文武官吏月俸折支鈔數多。請自宣德三年十二月以前，<u>**除山後無原籍者依例在京補支**</u>，其餘俱令於原籍官司課程等項鈔內陸續支給。[42]

「除山後無原籍者依例在京補支」，正說明了由於在京的「山後人」沒有原籍，致使他們在俸給上也有特別安排，並有定例可依。而這一安排主要關於在京文武官員的月俸，從俸米改為支鈔。唯因京官眾多，俸鈔恐怕難以供給，而令他們從原籍官司課程等項支給。然而由於「山後人」是沒有原籍而不在此限，並可依例在京師補支月俸折支鈔。而此例於《明宣宗實錄》的宣德七年六月乙卯條，有更進一步的說明：

---

41 〔明〕李賢：《李文達文集》，收入〔明〕陳子龍編：《皇明經世文編》，卷36，〈達官支俸疏〉，頁277。

42 《明宣宗實錄》，卷49，宣德三年十二月庚子條，頁1190-1191。

> 南京錦衣衛優給指揮千百戶逮原成等二千七百人告言**俸半折鈔近例，令於原籍官司支給**，緣皆年幼去家有千里、反二三千里者，道遠不能往支，乞援**山後官軍俸例**於京庫或附近州縣官庫支給為便。上諭行在戶部臣曰：此孤幼俸鈔，安可拘例？其令南京天財庫給之。[43]

該例可被稱為「山後官軍俸例」，俸米的折鈔將近為月俸的一半，而這正與〈達官支俸疏〉所提到「達官則實支十七石五斗」的比例相同。宣德五年（1431）從土魯番城前來歸附的都督僉事尹吉兒察，其月俸也是「視山後人例於北京米鈔各半支給」[44]，所以「山後人」與「達官」等歸附軍士的俸折大抵也是維持這一比例，而此例特別之處在於令在京「山後人」的月俸折鈔是由京庫支給，但亦因而引起了如同〈達官支俸疏〉提到的財政負擔問題。時任行在戶部事禮部尚書胡濙於宣德八年（1433）三月上奏提到：

> 南北二京文武官折支俸鈔，已嘗奏准填寫勘合，於原籍官司關支。山後人皆無原籍及順天等八府官多，鈔少之處於緣河船鈔內支給。且宣德六年放支未盡，七年又當關支。支鈔愈多，鈔法愈滯。請將七年分俸糧每石減舊數折鈔，一十五貫以十分為率，七分折與官絹，每疋准鈔四百貫，二分折與官綿布，每疋折鈔二百貫，文武官俸米每石見折鈔二十五貫。旗軍月糧見有折十貫或五貫者，請自今京官每石減作一十五貫。在外文武官旗軍，請同此例。[45]

由於在京的「山後人」無原籍，其月俸只能按「山後官軍俸例」於京折鈔，因而如同〈達官支俸疏〉提到在京「達官」的俸米優待，造成了京師在支俸上的沉重負擔。宣德八年時仍然未能將宣德六年（1431）的月俸支盡，不僅要以船鈔支給，胡濙更奏以官絹、官綿布作折俸。

---

43 《明宣宗實錄》，卷91，宣德七年六月乙卯條，頁2089。

44 《明宣宗實錄》，卷72，宣德五年十一月癸卯條，頁1678-1679。

45 《明宣宗實錄》，卷100，宣德八年三月庚辰條，頁2253-2255。

換個角度而言，這正說明「山後人」如同李賢〈達官支俸疏〉提到的「達官」般，大量聚居於京畿一帶。雖然現存武職選簿是編於隆萬時期，但也大體呈現出「山後人」多集中於南北直隸的傾向：

親軍衛	金吾右衛	169	五府屬在京衛	富峪衛	42
	通州衛	77		義勇後衛	31
	錦衣衛	51		大寧中衛	22
	燕山左衛	25		留守左衛	15
	羽林前衛	24		留守後衛	11
	燕山前衛	15		興武衛	11
	府軍前衛	10		留守中衛	9
	武驤右衛	10		瀋陽右衛	6
南京見設衛所	南京鷹揚衛	18		神策衛	6
	南京錦衣衛	8		義勇右衛	5
	南京留守後衛	8		牧馬所	5
	南京豹韜衛	5		驍騎右衛	5
	南京羽林左衛	3		瀋陽左衛	5
	南京羽林右衛	3			
	南京豹韜左衛	3			

在京的「山後人」與「達官」由於沒有原籍，而且為數眾多，造成了京師在俸給供養上的困難。同時也解釋到何以正統、天順時期歸附的「山後人」多被安插至山東等地的青州左衛、德州衛。雖然這是由於兵部尚書王驥（1378-1460）於正統元年奏定：

> 永樂間來降達官柴永正等俱在真定府居住，乞如其例。遣官送至河間、德州等處，命所在有司撥房屋、給器用、授田地，俾其耕牧生

息，誠為便利。今後繼有來降者，請照此例。[46]

然而其實之前行在兵部左侍郎柴車（?-1441）提到：

遠人來朝，朝廷爵之賚之，願居京者聽。然虜性譎詐，叛服靡常。今長脫脫木兒者，永樂初隨其部長把都帖木兒來歸，未幾叛去。迨今幾三十年，又復來歸，安知異日之叛耶。況京師糧儲漕運不易，請因其初來錫賚之，就遣分處江南衛所，居以室廬，養以廩祿，俾各得其所，且無同類交引，庶終其身無他念。[47]

王驥提議將歸附軍士安置到河間、德州等處，不僅是考慮到柴車提到的「把都帖木兒」等叛服不定，而更為重要的是「京師糧儲漕運不易」。因此才將他們安置到與漕運密切相關的德州與河間。

所以「山後人」的安插，顯然是由於他們沒有原籍，致使俸給上有區別安排。而這或解釋到何以「山後人」與「達官」作為歸附軍士大多安插於直隸，蓋因南北直隸為政經要地，擁有完善的運輸網絡，能有效調配米糧等物資，同時更有發鈔印行，相較於其他地方無疑更有條件供養「山後人」與「達官」。正由於「山後人」、「達官」駐屯京畿，導致他們日後參與永樂五征漠北，乃至宣德、正統馭邊遼東。而奇文瑛更指出自土木之變後，為怕聚居京師幾十年的「達官」生養蕃息而成為肘腋之患，因而令「達官」從行征討兩廣、湖貴、雲南的苗亂並坐鎮苗地。[48]

由此可見，「山後官軍俸例」等俸給上區別安排，的確左右「山後人」的分布安插，從而影響其日後的發展。所以要考慮的是這種安排是始於何時？背後又是有什麼意義或目的？

---

46 《明英宗實錄》，卷18，正統元年六月乙卯條，頁362-363。

47 《明英宗實錄》，卷18，正統元年六月乙卯條，頁362-363。

48 奇文瑛：《明代衛所歸附人研究——以遼東和京畿地區衛所達官為中心》，頁143-144。

造成京師供應的沉重負擔，並不純由於「山後人」和「達官」的駐屯，而是由於上述提到的「俸半折鈔」優待。其實洪武二十六年（1393）的《諸司職掌》提到：

> 凡在京五軍都督府首領官吏並六部、通政司、大理寺等衙門官吏俸給。本部每歲於秋糧內會定數目，起運撥赴各衙門倉內收貯，按月造冊，照依品從等第，分豁該支糧數，委官驗名支給。其各衛軍官俸給，已將人戶對定，編給勘合，自行依期送納供給，其首領官吏俸給該衛造冊到部，定倉放支。[49]

各級在京文武官員依正一品月支八十七石、從一品七十四石、正二品六十一石、從二品四十八石等品秩依次在京支俸米。但這種情況隨著成祖奪嫡，定都北京而有所改變，先是永樂元年（1403）就已令：

> 在京文武官，一品、二品四分支米，六分支鈔。三品、四品米鈔中半兼支。五品、六品六分米，四分鈔。七品、八品八分米，二分鈔。每新鈔二錠、折米一石。該衙門按月自赴該庫關支。[50]

永樂元年成祖將北平改名為北京，並置行部、行都督府準備遷都，[51]唯因元末戰亂及明初燕王藩府缺乏建設、人口不多，[52]致使米糧等物資匱乏，不僅下令移民屯墾，更於同年三月開始海運輸糧，[53]從而奠定「官俸折鈔」

49 《諸司職掌》，《續修四庫全書》史部職官類第748冊（上海市：上海古籍出版社據北京圖書館藏明刻本影印，1995年），頁626。

50 《(萬曆）大明會典》，卷39，〈廩祿二・俸給〉，頁681。

51 徐泓：〈明北京行部考〉，《漢學研究》第2卷第2期（1984年12月），頁569-598；于志嘉：〈明北京行都督府考〉，《中央研究院歷史語言研究所集刊》第79本4分（2008年12月），頁683-747。

52 于志嘉：〈明代兩京建都與衛所軍戶遷徙之關係〉，頁149。

53 萬依：〈論朱棣營建北京宮殿、遷都的主要動機及後果〉，《故宮博物院院刊》1990年第3期，頁31-36。

的定例。[54]隨著永樂十八年年底建成北京的宮殿，翌年遂正式遷都並裁革行在衙門，官吏軍民因而更集中在北京，官俸折鈔的比例也因有改變，以減省俸米的支出，萬曆《大明會典》提到：

> 令隨從在京官員，一品至五品三分米、七分鈔。六品至九品四分米、六分鈔。其米每月在京支五斗，餘於南京倉支。不願者，准在京折鈔。雜職官有家小者月支六斗，無者四斗五升，餘折鈔。各衙門支半俸，辦事官不分有無家小，月支米三斗，餘折鈔。在京達官並入番等項官，該支全米者，米鈔中半兼支。南京文武官、一品至九品二分米，八分鈔。[55]

一、二品官員的俸給從四分支米降至三分米，而三、四品亦由半支減為三分，六、七、八品則由六分、八分米更大幅減至四分米，可見由於遷都所造成的物資供應匱乏，致使俸米折鈔的比例增加，從而減少俸米的開銷。但「在京達官並入番等項官」則仍然維持「米鈔半兼支」的比例，實比一、二品的高官取得更多的俸米，這亦是為何李賢於〈達官支俸疏〉指出「在京指揮使正三品，該俸三十五石，實支一石。而達官則實支十七石五斗，是贍京官十七員半矣」，而宣德五年歸附的都督僉事尹吉兒察，其月俸視「山後人例於北京米鈔各半支給」，[56]可知「山後人」月俸也是如同「達官」一半可支俸米，而「山後官軍俸例」更進一步提到月俸一半雖為折鈔，但「山後人」可於京庫支給，其他在京武官則只能原籍支給。所以「山後人」等歸附軍士在俸給上的優待，大致是源於永樂遷都後，物資供應的壓力，考慮到「山後人」等沒有原籍而作出特別的安排。這同時說明了「山後人」在軍政管理上的區別安排，並非從軍籍訂立之初就擬定。所以刑法上，「山後人」的處理則是見於於明中後期的《律例箋釋》，而非《大明律》的原文。

54 王英華：〈明代官俸制淺析〉，《史學集刊》2000年第5期，頁84。

55 《(萬曆)大明會典》，卷39，〈廩祿二・俸給〉，頁681。

56 《明宣宗實錄》，卷72，宣德五年十一月癸卯條，頁1678-1679。

3 化外人有犯

晚明著名的法學家王肯堂（1549-1613）的《律例箋釋》可謂明清時期最為重要的律學著作，[57]當中就〈名律例·化外人有犯〉的「凡化外人犯罪者，並依律擬斷」就提到：

> 化外，即外夷來降之人及收捕夷寇散處各地方者。夷狄雖非吾類，歸附即是王民，律輕則獸心難降，律重則無知可卹，一依常律，斷同華人，示王者無外也。達官、達軍有犯亦問立功瞭哨。若係山後人難發遣者，止發做工。其土民笞杖亦准的問完，俱要請旨。新附未知法度者，宜從寬處。[58]

王肯堂的解釋不僅說明了「山後人」如同「達官」、「達軍」於律學上皆視為「化外人有犯」。而「山後人」更因為沒有原籍，視為「難發遣者」而在罰則上有區別處理——「止發做工」。然而「山後人」由於沒有原籍的處分並不止「止發做工」，《皇明成化條例》則收錄了一宗涉及「山後人」的案件〈軍職例為民原無籍貫在於本衛隨住例〉：

> 犯人劉祥，招係山後人，襲任成後衛左所帶俸指揮僉事。成化十年二月內，祥困畏避操備，一向在逃。成化十一年正月十六日，父劉端見祥懶惰，將祥訓說，不合用言，將父觝觸，父要趕打，祥文發怒，將家下沙窩碗盞盡行打碎，當父含忍，不會告官。本年二月內，有本所司吏高明節來喚祥送營，又躲閃不出，致被高明呈所申衛，將祥參奏挨問拿。父劉端亦將祥懶惰不操，觝觸情由，告奏送司，取問罪犯。

57 邱澎生：〈有資用世或福祚子孫——晚明有關法律知識的兩種價值觀〉，《清華法學》2006年第3期，頁141-174。

58 〔明〕王樵箋，〔明〕王肯堂集釋：《大明律附例》（東京大學東洋文化研究所藏萬曆四十年刊本），卷1，〈各例律·化外人有犯〉，頁77b。

> 議得劉祥所犯除避輕罪外，合依子違犯父教令者，律減等杖九十，係官操，照例納鈔，完日送兵部收查發落。審允手本抄招連人送司。查得宣得〔德〕四年二月二十二日，欽奉宣宗皇帝勑諭兵部，今後官軍及其子弟有犯不孝並承父妾收兄弟之妻為妻、凡敗倫傷化者，如律罪之，不許復職承襲，永為定例，欽此欽遵。續該本部會官，問得軍官並子孫弟姪有犯不孝及敗倫風化者，俱各不准襲替，發回原籍為民，恐因子孫不才，有負前人勤勞，合無軍官有犯前罪者，本身如律罪之，不許復職，許令子孫承襲。如嫡長子孫有犯，許嫡次子孫承襲，正犯人口發遣原籍為民，不許與見任同處。宣德十年三月初五日奏奉英宗皇帝聖旨是欽此欽遵外，又查得先准刑部山西清吏司手本問得金吾右衛指揮使郎伯真犯。該子違犯母教令及奉養有缺者，律減等杖罪，送來收查發落，參係敗倫傷化人數，緣山後人原無籍貫，欲便照例革去職事，送發順天府，轉發二百里之外州縣為民。另取應襲之人襲替，具本成化十年二月初五日奉聖旨，是郎伯真既無籍貫，著本衛住，欽此欽遵，今該前因案呈到部參照。指揮僉事劉祥觝觸父親，違犯教令，係敗倫傷化人數，法司問招明白，送來查收發落，例該革去職事，發回原籍為民。緣劉祥山後人原無籍貫，合無照例革去職事，仍於本衛隨住養親，另取應襲之人承襲，緣係軍官為事革職事，理未敢擅，便具題奉聖旨是欽此。[59]

「山後人」指揮僉事劉祥係劉端之子，襲職以後畏避操備，被其父責備時，更觝觸父親打碎家中沙窩碗盞，該衛吏員高明前來招喚劉祥回營，因而揭發事件。劉祥所犯的兩宗罪，其一為畏避操備，罪情較輕，可照例納鈔。其次則是較為嚴重的不孝，就這一點不僅引用到宣德十年英宗聖旨「有犯不孝及敗倫風化者，俱各不准襲替，發回原籍為民」。而且就「發回原籍為民」的問題，更引用到刑部山西清吏司手本提到的一宗案件。該案的涉事人

59　《皇明成化條例》（中央研究院傅斯年圖書館藏明鈔本），〈十一年．五月〉，〈軍職例為民原無籍貫在於本衛隨住例〉，引錄自中央研究院漢籍電子文獻資料庫。

金吾右衛指揮使郎伯真亦正是犯了「敗倫傷化」的「山後人」，而考慮到「山後人原無籍貫」，所以在革去職事後，本應送發順天府，轉發二百里之外州縣為民，但因「無籍貫」，而只能「著衛住」。可見由於「山後人原無籍貫」，致使他們犯上「不孝」、「敗倫風化」等罪，亦無法「發回原籍為民」而有特別處理。劉祥雖然無「送發順天府，轉發二百里之外州縣為民」，但也無法「發回原籍為民」，也只能「仍於本衛隨住養親」。這再次突顯出由於「山後人」沒有原籍的特質，致使在刑法上產生不同的對待與處理。

可見「山後人」作為軍籍的籍貫不僅涉及軍役的清勾，乃至軍戶的俸給，而同樣由於沒有原籍致使刑法上也需區別處理，致使王肯堂將「山後人」納入「化外人有犯」的箋釋。

三 「山後人」與「達官」

從上述可見，「山後人」與「達官」、「達軍」作為沒有原籍的歸附軍士，在俸給上都得在京米鈔半支，刑法上也可視為「化外人有犯」。既然如此，為何不把歸附的異族軍士一律視為「山後人」或「達官」？這正表明兩者其實存在差異。

奇文瑛曾指出「達官」一詞主要出現於永樂時期，特指永樂以降各族歸附人安置衛所寄帶俸的群體。蓋因其發現永樂時期以「達官」稱為歸附人官職的記載大幅增加。而奇氏透過三萬衛、錦衣衛，乃至保定諸衛的選簿發現，「達官」其實並不止是蒙古人、女真人，更包括了自願內遷的西域土魯番、哈密、回回、撒馬兒罕以及南方交趾等處官員，從而指出「達官」其實族屬多元。而考慮到永樂以後歸附人優養身分的特點。所以「達官」一詞雖源於「韃靼」，但其實有過渡性質，並非只指韃靼官員，而是永樂以降的歸附人群體。[60]而這種觀察其實與「山後人」作為軍籍登記身分的發展相類。「山後人」本僅指洪武四年因被裁撤前元順寧府、宜興州等地的移民，但隨

60 奇文瑛：《明代衛所歸附人研究——以遼東和京畿地區衛所達官為中心》，頁116-120。

著故元勢力逐漸納入版圖，洪武二十年隨納哈出等歸降軍士也續用「山後人」的登記，乃至延續至永樂、宣德、正統、天順時期的迤西、迤北等各地異族。

而奇文瑛將遼東歸附女真和京畿衛所歸附韃靼身分對比，發現洪武、永樂時期由於歸附政局形勢不同，導致安置政策有異，所以形成「軍籍達官」與「寄籍達官」的區別。前者是指洪武時期歸附的韃靼等官員，在軍籍、軍役上與一般軍戶無異，而後者則是指永樂以降歸附的女真、韃靼各族官員，在支俸、授職食祿、子孫世襲都享有優養的待遇，大多授予指揮使或以上的高級武職，甚至可「無役」或襲職不比試。[61]姑勿論奇文瑛的區別是否正確，但重點在於指出了洪武與永樂時期在處理歸附軍士的態度與政策並不盡相同。「達官」顯然是永樂時期的產物，享有襲職時不比試的優待，[62]而相反洪武時期出現的「山後人」則沒有，而且歸附授職也多為中下層武官甚至旗軍。

既然如此，「山後人」與「達官」又是如何運用於軍籍的登記與管理？青州左衛選簿則可以見到一些有趣的現象，青州左衛所鎮撫康�衙的外黃提到：

> 康時中，係青州左衛後所帶俸達官所鎮撫。祖亦克來，原係山後孛羅台石部下達子，天順元年投降，陞所鎮撫送青州左衛後所安插。[63]

康衙一族於天順元年歸附，自然可被視為「達官」，因此萬曆三十年四月康多松出幼襲職時也是「達官不比」。但康衙本身選條則引舊選簿提到「嘉靖四十一年四月，康衙，年二十四歲，山後人，係青州左衛後所安插帶俸老疾達官所鎮撫康時中嫡長男」。[64]由此看來，「山後人」與「達官」在軍籍管理上並不存在矛盾或衝突，兩者是可以並存的。

---

61 奇文瑛：《明代衛所歸附人研究——以遼東和京畿地區衛所達官為中心》，頁138。

62 梁志勝：《明代衛所武官世襲制度研究》，頁317-319。

63 《中國明朝檔案總匯》，第55冊，頁128。

64 《中國明朝檔案總匯》，第55冊，頁128。

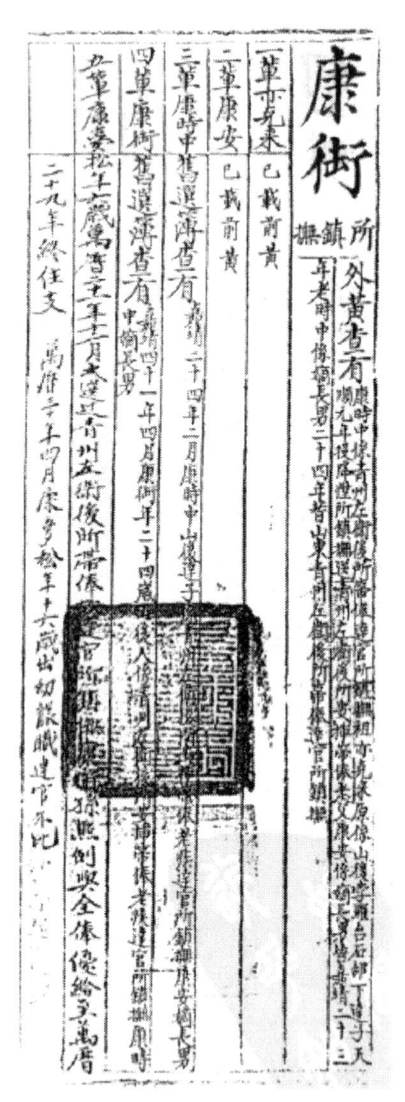

康衛
所鎮撫
外黃查有
一輩 已載前黃
二輩康安 已載前黃
三輩康時中 舊選簿查有
四輩康衛 舊選簿查有
二十九年終住支

圖六　青州左衛選簿康衛一族記載

出處：《中國明朝檔案總匯》，第55冊，頁128。

而更為重要的是，這正說明了「山後人」作為軍籍登記的特性。「山後人」並不止是在處理歸附軍士時作籍貫登記，而往後歸附軍士往往在軍政管理上需視同「山後人」處理時，軍籍上則或會以「山後人」為籍貫標識。這正解釋到為何上一章提到難以區別「山後人」。蓋因同一武官家族的選簿可以出現「迤北人」、「女直人」、「塔灘里人」、「金山人」等與「山後人」並存的情況。所以「山後人」顯然只是一種軍籍登記，以處理沒有原籍的歸附軍士在軍政管理上特別安排，並不具有族群意義。

四 小結

軍籍上的籍貫是構成軍戶、維持軍役的重要依據，從根本上影響著勾補軍士、改調衛所等軍政管理，乃至各地州縣的賦役差派，而在嘉靖以前軍籍者例不得分戶的前提下，在軍役幫貼、繼承規定的束縛下，同一軍戶在赴衛分居兩地的情況下，逐漸形成「原籍軍戶」與「衛所軍戶」。[65]軍籍籍貫不僅影響軍政，更牽動其時社會各種關係。

而「山後人」沒有原籍的特質，在軍政管理上也漸漸發展出不一樣的管理。隨著清軍制度的建立，「山後人」也視同原籍「丁盡戶絕」的「實無勾者」納入於宣德四年「勾軍條例」。永樂遷都北京面對物資供給的壓力，「山後人」則有「山後官軍俸例」，不僅可在京支鈔，同時更享月俸「米鈔半兼支」的優待。刑法上也視同「化外人有犯」。所以「山後人」於軍籍上是具有實質的軍政管理作用，這正解釋到何以「山後人」這一身分一直延續至明亡。

65 于志嘉：〈明清時代軍戶的家族關係〉，頁133-134。

第四章
「山後人」的作用及意義

前兩章解釋了「山後人」不過是明代軍籍上的登記，並非特定族群，只用於處理沒有或失去原籍而歸附的山後移民、故元官兵乃至迤北、迤西等軍士。蓋由於他們沒有原籍，致使無論在清軍、俸給或刑法等層面上都有別於其他軍戶，從而構成特殊的軍政管理。所以「山後人」正說明了明代軍籍是如何安置域外歸附人，衛所也因此成為收容不同族群的戶籍制度。既然如此，「山後人」等歸附後被安插於衛所成為軍士，這對於明朝的政治軍事產生怎樣的影響，而這又如何影響他們在中國的發展等問題，無疑也是值得關注。

再者，上一章提及「山後人」與「達官」雖為處理歸附軍士的軍籍登記，但前者始自洪武，後者則見於永樂，所以兩者由於面對的局勢處境不一，待遇亦有所差異，特別是成祖優待異族而令「達官」多授高官、子孫襲職免比試，並非「山後人」所能及。換言之，「山後人」與「達官」其實分別代表洪武、永樂於歸附軍士的態度與政策。所以透過分析「山後人」的去向，正好說明洪武時期的歸附政策對於明前期的發展有何意義。

因此，本章將以載有最多「山後人」的金吾右衛選簿為切入，瞭解「山後人」在靖難之役等明前期重要政治事件的角色，繼而以清平伯吳成、奉化伯滕定、懷柔伯施聚、東寧伯焦禮等「山後武官」為例說明他們在永樂北征、宣德、正統馭邊的作用，最後則審視包含著不同來源的「山後人」在中外往還的角色，以至這身分如何左右他們的命運直至明亡。

一　「山後人」與靖難之役

「山後人」雖是來自至正至天順時期，沒有或失去原籍的歸附軍士。但從金吾右衛選簿可見，為數不少的「山後人」是於洪武時期歸附。而金吾右衛選簿所載近一百六十多個「山後人」武官家族，幾乎是現存武職選簿所知「山後人」的五分之一，為各選簿之冠。再加上，金吾右衛於洪武三十五年由燕山右護衛改置而成，直屬親軍指揮使司，掌守衛皇城西面及巡警京城各門。[1]所以無論從數量上或重要性上，金吾右衛選簿都是分析「山後人」在明代發展的重要示例。

透過整理金吾右衛選簿中的「山後人」可以發現，當中最少有一百二十一個山後武官的選簿記有雄縣、鄭州、真定、鄭村壩、白溝河、濟南、夾河、藁城、西水寨、金川門、平定京師等「奉天征討」的陞遷功次。誠如奇文瑛提到靖難之役是歸附軍士升遷的重要時機，金吾右衛選簿正好為我們展示「山後人」是如何投身至靖難之役，乃至此役對他們日後發展的影響。

首先必須注意的是，金吾右衛選簿雖然載錄為數不少的「山後人」，但這並非洪武或永樂時期的情況。他們大多是在正德至嘉靖前後，才調至金吾右衛：

表五　山後武官調編金吾右衛簡表

山後武官：		靖難之役後所屬衛所及武職：	自身及後輩改調金吾右衛時間：	出處：[2]
1.	阿魯禿	永清左所指揮同知	永樂二年	50-18
2.	完者不花	濟州衛左所正千戶	永樂二年	50-43
3.	殷帖木兒	開平中屯衛右所正千戶	永樂二年	50-474
4.	李賢	安東衛中所正千戶	永樂二年	50-206
5.	麻子帖木兒	遼東都司指揮同知	永樂時期	50-2
6.	阿歹	永清衛中所正千戶	永樂時期	50-39
7.	劉伯顏不花	濟州衛指揮僉事	永樂時期	50-48

1　《（萬曆）大明會典》，《續修四庫全書》，卷228，〈上二十二衛．金吾右衛〉，頁686。《明太宗實錄》，卷9下，洪武三十五年六月辛未條，頁136。

2　出處均來自《中國明朝檔案總匯》，前者為冊數，後者為該冊的頁數。

山後武官：		靖難之役後所屬衛所及武職：	自身及後輩改調金吾右衛時間：	出處：[2]
8.	安敬順	西寧衛後所副千戶	永樂時期	50-415
9.	羅文	留守右衛指揮僉事	宣德或以前	50-531
10.	不知歹	青州左衛副千戶	正統元年	50-332
11.	張太平	常山中護衛指揮同知	景泰或以前	50-501
12.	張哈失帖木兒	永清左衛副千戶	景泰或以前	50-507
13.	兒脫干	濟州衛前所正千戶	成化或以前	50-38
14.	阿木台	永清左衛右所副千戶	成化或以前	50-373,374
15.	崔彥名	薊州衛前所副千戶	弘治或以前	50-315
16.	六十八	薊州衛前所副千戶	正德或以前	50-60,61
17.	兀良哈	薊州衛中所正千戶	正德或以前	50-66,67
18.	伯顏帖木兒	燕山前衛中所正千戶	正德或以前	50-74
19.	脫罕台	永清左衛右所正千戶	正德或以前	50-76
20.	王敬	孝陵衛指揮僉事	正德或以前	50-150
21.	禿厮	安東衛指揮僉事	正德或以前	50-174
22.	穆宋兒	德州衛右所正千戶	正德或以前	50-204
23.	胥捌孫	永清左衛中所正千戶	正德或以前	50-220
24.	張成短禿罕	營州中屯衛後所正千戶	正德或以前	50-222
25.	李哈剌	廣寧前屯衛左所副千戶	正德或以前	50-329
26.	把兒台	永清左衛中所副千戶	正德或以前	50-512
27.	屈赤	永清左衛後所正千戶	嘉靖或以前	50-184
28.	剌剌罕	安東衛正千戶	嘉靖或以前	50-216
29.	五十六	薊州衛前所副千戶	嘉靖或以前	50-216
30.	末台	安東衛前所副千戶	嘉靖或以前	50-248,249
31.	伯家兒	安東衛	嘉靖或以前	50-259
32.	李成	鰲山衛中所正千戶	嘉靖或以前	50-292

山後武官：		靖難之役後所屬衛所及武職：	自身及後輩改調金吾右衛時間：	出處：[2]
33.	李斌	揚州衛中所百戶	嘉靖或以前	50-320
34.	兀倫不花	隆慶衛左所副千戶	嘉靖或以前	50-416
35.	何全	大河衛前所副千戶	嘉靖或以前	50-430,431
36.	任奉先	羽林右衛世襲指揮同知	嘉靖或以前	50-498
37.	俞哈宅	燕山前衛中所正千戶	嘉靖或以前	50-578
38.	宋成	濟州衛指揮使	隆慶或以前	50-543
39.	高文	羽林前衛副千戶	萬曆或以前	50-369

從金吾右衛選簿可見「山後人」在靖難之役後有分派到各地，既有親軍指揮使司的永清左衛、濟州衛、羽林右衛、羽林前衛、燕山前衛，乃至北直隸的薊州衛、隆慶衛、開平中屯衛，南直隸的揚州衛、大河衛、留守右衛，以至山東的安東衛、德州衛、青州左衛、鰲山衛，大寧的營州中屯衛，遼東都司的廣寧前屯衛，陝西行都司的西寧衛以至常山中護衛，直至約正德至嘉靖以後才調回金吾右衛，而這顯然與其時「山後人」等歸附軍士的管理改變有關。

參與「奉天征討」的「山後人」於戰後的安插，顯然與川越泰博的觀察有很大出入。川越泰博認為靖難之役中鮮有山西軍士參與，所以戰後為有效經營及駕馭山西，而多將麾下武官調往山西。但誠如于志嘉指出，川越泰博的分析僅建基於十三部選簿，且缺乏直接證據。[3]所以金吾右衛的「山後人」去向無疑否定了川越泰博的推論。再者，南京羽林左衛、南京留守後衛、南京鷹揚衛與南京豹韜衛的武選簿也提到不少「山後人」在「奉天征討」後是安插到濟陽衛、永清左衛、營州前屯衛、義州衛、宣武衛與瀋陽中衛。[4]

3 川越泰博：《明代建文朝史の研究》（東京：汲古書院，1999年），頁351-363；于志嘉：〈明武職選簿與衛所武官制的研究——記中研院史語所藏明代武職選簿殘本兼評川越泰博的選簿研究〉，頁65。

4 郭嘉輝：〈明代「山後人」初探〉，發表於中國明史學會於2013年8 月19-21日主辦的「第十五屆明史國際學術研討會」。

此外，川越泰博認為燕王部隊大抵是來自南北直隸和山東，除了北直隸的本貫軍士外，太祖考慮到北方邊防的脆弱，而投放不少來自南直隸的軍士，最終構成了燕王起兵部隊。然而金吾右衛選簿為數眾多的「山後人」示例，再配合南京羽林左衛選簿等記載，燕王麾下的「山後人」似乎比川越泰博所統計的北直隸或南直隸軍士還要多。[5]由此看來，「山後人」似乎是燕王部隊的重要來源。故此，「山後人」的構成與來歷，顯然對於靖難之役有著重要的作用：

表六　《金吾右衛選簿》中洪武時期燕山右護衛的「山後人」

姓名		歸附安排	出處[6]
1.	喻乃顏	應昌府人，係燕山右護衛軍人長吉餘丁。	50-153
2.	李德	洪武二年充大興右衛，十三年改燕山右護衛中所。	50-263
3.	周三	洪武五年充大興右衛軍，十三年改燕山右護衛中所。	50-555
4.	王三	洪武六年充大興右衛中所軍。	50-320
5.	阿歹	洪武二十年歸附充燕山右護衛左所軍。	50-39
6.	鎖元	洪武二十一年來降撥燕山右護衛左所軍。	50-10
7.	長吉	洪武二十一年歸附燕山右護衛左所軍。	50-41
8.	愛牙赤上輩	洪武二十一年充燕山右護衛軍。	50-353
9.	伯顏帖木兒	洪武二十二年充燕山右護衛後所舍人。	50-74
10.	屈赤	洪武二十二年充燕山右護衛。	50-184
11.	朵羅帖木兒	洪武二十二年撥充燕山右護衛左所軍。	50-33

5　川越泰博利用十三部衛選簿統計出燕王麾下武官，來自北直隸有七十二例、南直隸六十九例、山東三十五例，「山後人」僅十五例。然而前述提到僅金吾右衛選簿參與「奉天征討」的「山後人」就最少有一百二十一例，南京羽林左衛、南京留守後衛、南京鷹揚衛與南京豹韜衛等選簿合共也有十五例。川越泰博：《明代建文朝史の研究》，頁321-326；郭嘉輝：〈明代「山後人」初探〉，發表於中國明史學會於2013年8月19-21日主辦的「第十五屆明史國際學術研討會」。

6　出處均來自《中國明朝檔案總匯》，前者為冊數，後者為該冊的頁數。

金吾右衛的前身為燕山右護衛，乃北平三護衛之一，[7]更是最早扈從燕王起兵奪取北平的軍力，[8]當中正有不少「山後軍士」。而值得注意的是，鎖元、朵羅帖木兒、阿歹、長吉、屈赤等於洪武二十一年、二十二年歸附的「山後軍士」，他們選簿的貼黄如喻乃顏提到為「應昌府人」、「華阿歹，應昌府人」、「原籍山後應昌府人」。[9]而應昌府建於元初，曾為元魯王的宮城。元順帝北狩時曾駐紮應昌並駕崩，北元宣光帝（脫古思帖木兒，1342-1388）也因而在應昌即位。[10]故洪武三年五月，李文忠攻克應昌時俘獲「元君之孫買的里八剌及其后妃寶冊等物」。[11]所以，應昌無疑是北元的重鎮。而來自應昌府的「山後軍士」顯然與北元關係密切，更有可能為故元軍士，特別是金吾右衛指揮同知金嬰的內黃也提到「有父金囊加，係前大尉內樞密院，洪武二十一年引軍歸附」。[12]所以燕山右護衛的「山後人」，正說明燕王起兵之際並不乏故元軍士作為助力。

再者，必須指出的是，這批「山後軍士」早於靖難起兵已屬燕山右護衛。燕王自洪武二十三年首次領兵北征，其後又於二十八年剿捕野人女真、二十九年再次北征。[13]換言之，他們是追隨成祖久歷戰陣的「山後軍士」，當中李德、王三、周三雖於洪武二、五、六年投充大興右衛，但大興右衛其實於洪武十三年九月改為燕山右護衛。[14]

然而並非所有與故元相關的「山後人」歸附後都撥充燕王麾下，金嬰加歸附後則於京師虎賁右衛任指揮僉事，洪武二十七年逝世並由嫡長子金土渾

---

7 《諸司職掌》，頁75。

8 譚淵為燕山右護副千戶，據《靖難功臣錄》提到其時起兵於端禮門擒都指揮謝貴、布政使張昺等官及攻奪九門，對於燕王起事有著重要作用。

9 《中國明朝檔案總匯》，第50冊，頁33、39、41。

10 申萬里：〈元代應昌古城新探〉，《內蒙古大學學報（人文社會科學版）》2006年第5期，頁29-33。

11 《明太祖實錄》，卷53，洪武三年六月丁丑條，頁1045。

12 《中國明朝檔案總匯》，第50冊，頁276。

13 商傳：〈「靖難之役」前的燕王朱棣〉，《學習與思考》，1979年，頁74-80。

14 《明太祖實錄》，卷133，洪武十三年九月庚戌條，頁2116。

帖木兒任長沙衛所鎮撫，三十四年西水寨陞指揮僉事，三十五年小河陣亡。[15] 換言之，其實並非只有燕山右護衛的「山後人」參與過靖難之役：

表七 《金吾右衛選簿》中洪武時期歸附的薊州衛等「山後人」

姓名		歸附安排	出處[16]
1.	禿厮	洪武二十年歸附充薊州衛前所小旗。	50-174
2.	戴福興	始祖戴福興，丁酉年歸附從軍，洪武元年充大寧右衛右所軍。庚子充總旗。十四年老高祖戴斌補役陞百戶。二十三年收捕乃兒不花。二十六年陞永平衛右所副千戶。	50-176
3.	李賢	洪武二十年撥充薊州衛前所軍。	50-206
4.	末台	洪武二十年充薊州衛軍。	50-248
5.	李哈剌	洪武二十年充薊州衛前所軍。	50-329
6.	答剌海	洪武二十一年充松門衛軍。	50-351
7.	兀倫不花	洪武二十三年充濟南衛中所軍。三十三年奉天征討濟南投降，陞燕山右護衛後所小旗。	50-416
8.	阿魯灰	洪武二十一年歸附充宣武中衛中所軍。	50-446
9.	山桃	充薊州衛右所軍。	50-489
10.	脫運	洪武二十一年歸附充宣武衛軍。	50-552
11.	俞哈宅	洪武二十一年充會州衛軍。	50-578

答剌海、兀倫不花、阿魯灰、脫運等分屬於浙江、河南、山東的松門衛、宣武衛與濟南衛。他們並非一開始就支持燕王起兵，而是於戰陣中歸降，故兀倫不花、脫運的選簿分別提到「三十三年奉天征討濟南投降」、「三

15 《中國明朝檔案總匯》，第50冊，頁276。

16 出處均來自《中國明朝檔案總匯》，前者為冊數，後者為該冊的頁數。

十三年白溝河歸順」。

但值得注意的是，戴福興、李賢、末台與李哈剌等在洪武二十年後歸附，被編入北平的永平衛、薊州衛。而北平諸衛與燕王的關係亦不遜於燕山右護衛，戴福興早於洪武二十三年曾隨燕王北征「收捕乃兒不花」。[17]連同燕山右護衛在內，北平諸衛於明初顯然收編著不少「山後人」，特別是奇文瑛也指出，「山後人」對於北平都司的建置有莫大關係。[18]而這批「山後人」當中更不乏來自「應昌府」的故元軍士。所以燕王陣中的「山後人」正說明了故元軍士，可謂其奪得天下的重要助力之一。永順伯薛斌、安順侯薛貴兄弟一族的家世與經歷正好說明。

雖然《明史．薛斌傳》提到薛斌為蒙古人，而《皇明人物考》與《吾學編》等也大抵如《明功臣襲封底簿》指薛斌、薛貴兄弟為原籍順天府昌平縣人，[19]但《明孝宗實錄》與《明武宗實錄》都提到其後襲爵的永順伯薛勳、安順伯薛瑤為「山後人，世居順天府昌平縣」或「山後人」[20]，再加上《明英宗實錄》又提到永順伯薛綬「至是與虜戰，弦斷矢盡，猶以空弓擊虜，虜怒支解之，既而知綬本山後人曰：此與吾同類，故勇如此也，相與哭之」，[21]所以薛斌、薛貴兄弟顯然曾被視為「山後人」。而他們一族的歸附及經歷，《明功臣襲封底簿》提到：

---

17 《中國明朝檔案總匯》，第50冊，頁176；《明太祖實錄》，卷201，洪武二十三年閏四月癸亥條，頁3010。

18 奇文瑛：《明代衛所歸附人研究——以遼東和京畿地區衛所達官為中心》，頁32-34。

19 《明史》，卷156，〈列傳第四十四．薛斌〉，頁4271-4272；《明功臣襲封底簿》，《明代傳記叢刊》第55冊（臺北市：明文書局，1991年），頁131、365；〔明〕焦竑：《皇明人物考》，《明代傳記叢刊》第115冊，頁107、121；〔明〕鄭曉：《吾學編》，《續修四庫全書》史部雜史類第424冊（上海市：上海古籍出版社據北京圖書館藏明隆慶元年（1567）鄭履淳刻本影印，1995年），卷19，〈皇明異姓諸侯傳下〉，頁337。

20 〔明〕劉健等纂：《明孝宗實錄》（臺北市：中央研究院歷史語言研究所校印本，1966年），卷35，弘治三年二月己丑條，頁755；〔明〕費宏等纂：《明武宗實錄》（臺北市：中央研究院歷史語言研究所校印本，1966年），卷76，正德六年六月壬辰條，頁1669。

21 《明英宗實錄》，卷181，正統十四年八月庚申條，頁3498。

> 薛斌，原籍順天府昌平縣人。父薛台授元知院，洪武二十一年率眾歸附，欽賜薛姓，陞燕山右護衛指揮僉事，病故，薛斌承襲。三十二年奉天靖難累建功勳，歷陞都督僉事。迤北征進獲功，陞都督同知。永樂十八年十二月二十日封奉天翊衛宣力武臣、特進榮祿大夫、柱國、永順伯，食祿九百石，子孫世襲指揮使。[22]

薛斌兄弟的父親薛台為前元知院於洪武二十一年率眾歸附，即撥與燕山右護衛充指揮僉事，而這與前述金吾右衛「山後應昌府人」的歸附與安插相類。薛斌也因靖難累功陞為都督僉事。而其弟薛貴不僅參與靖難起兵，而且戰績彪炳，《明功臣襲封底簿》載：

> 薛貴，原籍順天府昌平縣人。洪武二十四年以舍人報效，跟隨傅總兵征雅寒山回還。扈駕克大寧，取雄縣，於鄭村壩大戰有功，洪武三十二年歷陞燕山右護衛百戶。奉天靖難克廣昌，攻蔚州、大同。白溝河廝殺並濟南府有功陞正千戶，克倉州，平復東昌。三十四年藁城等處殺敗大軍，接應西水寨奇功，陞指揮同知，隨駕於小橋對敵，保駕陞都指揮同知，又在靈壁縣殺敗軍馬。三十五年六月渡江克金川門有功陞遼東都指揮使。[23]

薛斌襲父薛台武職，薛貴並不需承襲軍役，唯其自願投充，更曾追隨傅友德北征，燕王起兵之際扈駕克大寧，參與靖難之役中大小戰役並立下奇功，更因小橋對陣保護燕王而陞為都指揮同知。而因靖難由百戶擢升的「山後軍士」並不止薛貴，清平伯吳成也是重要的例子。雖然《明史・吳成傳》沿襲《明功臣襲封底簿》、《吾學編》、《皇明人物考》吳成為遼陽人的說法，[24]但從《明宣宗實錄》於洪熙元年七月的封贈提到「封後軍都督府左都督吳

22 《明功臣襲封底簿》，《明代傳記叢刊》第55冊，頁365。

23 《明功臣襲封底簿》，《明代傳記叢刊》，第55冊，頁131-132。

24 《明史》，卷156，〈列傳第四十四・吳成〉，頁4272-4273；《明功臣襲封底簿》，《明代傳

成，為奉天翊衛宣力武臣、特進榮祿大夫、柱國、清平伯，食祿一千一百石，子孫世襲。成，山後人，初名買驢，永樂中賜姓名事」[25]可知清平伯吳成也是視為「山後人」，至於其歸附與從軍經歷參《吾學編》載：

> 吳成，本名買驢，遼陽人。父通伯，元遼陽省右丞。洪武中隨觀童來降，買驢充總旗，出塞征胡，功陞永平衛百戶。從靖難攻真定、大寧、鄭村壩，功陞指揮僉事，廣昌、白溝、館陶功再陞指揮使，夾河、藁城、西水寨功陞都指揮僉事，戰淝河、小河、齊眉山、靈壁，先登渡淮克揚州入金川門，再陞都指揮使。永樂八年從上出征胡功陞都督僉事，已而三出塞斬獲多。洪熙元年陞左都督，是年大松嶺破虜封清平伯，食祿千一百石，與世券。[26]

吳成從永平衛百戶升至都指揮使，正因其靖難立功甚偉。至於奉化伯滕定的先世也是於靖難立功，《明功臣襲封底簿》提到：

> 滕定，係山後人。父鎖住，係前元樞密院知院。洪武二十二年四月率眾歸附，除授會州衛指揮僉事。二十六年欽賜滕姓。三十二年奉天征討有功，陞本衛指揮同知。又於鄭村等處殺退大軍，陞燕山左護衛指揮使。三十四年九月病故。[27]

薛斌兄弟、吳成、滕定等「山後軍士」的父親皆為前元的知院、遼陽省右丞、樞密院知院並於洪武二十一年、二十二年前來歸附，這毋寧與前述燕山右護衛薛台、鎖住、通伯的歸附來歷是一致的。故此，薛斌等功臣的經歷

記叢刊》，第55冊，頁541；〔明〕焦竑：《皇明人物考》，《明代傳記叢刊》，第115冊，頁108。

25 《明宣宗實錄》，卷4，洪熙元年七月壬辰條，頁113。

26 〔明〕鄭曉：《吾學編》，卷19，〈皇明異姓諸侯傳下〉，頁322-323。

27 《明功臣襲封底簿》，《明代傳記叢刊》，第55冊，頁349。

恰好為我們補充了「山後軍士」在靖難之役中的細節。而更為重要的是，這再次說明了參與燕王起兵的「山後軍士」不乏故元官軍或遺民，特別是燕山右護衛、薊州衛、永平衛等北平諸衛。由此看來，包括前元軍民的「山後人」似乎是燕王奪嫡的一重要助力。故此，成祖即位後又是如何處理這批他所依重的「山後軍士」？

二　「山後人」於明前期的邊防

永順伯薛斌、安順侯薛貴、清平伯吳成雖於靖難之役功勳卓著，薛貴更有護駕之功，但他們的封爵則要到永樂後期甚至洪熙元年（1425）。[28]這表明成祖等所看重的不僅是靖難戰功，更為重要是其後五征漠北等功勳。薛貴雖於靖難後陞為遼東都指揮使，但其封爵於《明功臣襲封底簿》提到：

> 永樂八年隨征沙漠威胡山等處，殺敗阿魯台，陞中府都督僉事。永樂十二年隨征口北，殺敗胡寇，哨馬瓦剌。永樂二十年隨駕迤北征進，殺敗賊眾，俘獲人口、牛、羊、馬匹、器械，大獲克捷。本年九月十七日陞安順伯，賞寶鈔、段疋，給授誥券，封奉天翊運宣力武臣、特進榮祿大夫、柱國、安順伯，食祿九百石。[29]

直接促成薛貴封為安順伯無疑是由於永樂二十年（1422）隨駕迤北的大捷。薛斌同於靖難後陞為都督僉事，但也要到永樂十八年（1420）因「迤北征進獲功」才被封為永順伯。[30]而吳成於靖難後為山西都司都指揮使，曾於永樂八年（1410）征迤北、二十二年（1424）開平備禦殺獲胡寇，但也要至洪熙元年「征大松生擒斬首」才封為清平伯。

28 成祖平定應天府後，早於洪武三十五年九月就陞賞奉天靖難諸將爵號，諸如丘福為淇國公、朱能為成國公等。《明太宗實錄》，卷12上，洪武三十五年九月甲申條，頁194-205。
29 《明功臣襲封底簿》，《明代傳記叢刊》，第55冊，頁131-132。
30 《明功臣襲封底簿》，《明代傳記叢刊》，第55冊，頁365、541。

薛斌、薛貴與吳成的封爵正說明了「山後武官」在靖難以後，續為成祖所依重，更扈從征討漠北立功。然而「山後武官」並未隨著永樂時代結束而失去其重要性，奉化伯滕定、懷柔伯施聚、東寧伯焦禮的封爵正是由於「山後武官」於宣德、正統以至景泰時期馭邊上的重要貢獻。

滕定自永樂四年（1406）襲職為金吾左衛指揮使，雖曾參與永樂八年（1410）北征，但要到宣德四年（1429）才因征進迤北而封為奉化伯，正統二年（1437）再進賜封號。[31]至於施聚、焦禮的封爵則與正統時期全寧、遼東的動亂密切相關，且參施聚於《明功臣襲封底簿》載道：[32]

> 施聚，原籍順天府通州人。父施忠，洪武二十一年充燕山右護衛前所軍。洪武二十二年征進捝可來、亦都山等處有功，陞本所總旗。太寧、蔚州、齊眉山等處有功，陞金吾右衛世襲指揮使。永樂八年征進飲馬河與胡寇對敵陣亡。永樂九年三月施聚襲指揮使。永樂二十年得勝口生擒達賊可可帖木兒有功，陞都指揮僉事。宣德二年征進開平等處賊寇有功，陞都指揮同知。正統六年陞都指揮使。正統九年征進全寧等處及兀良哈達賊有功，陞左府都督僉事。正統十二年征進資福驛達賊有功，陞都督同知。正統十四年小河口殺賊有功陞右都督，本年八月內充總兵官協守遼東。景泰三年領兵登州營等處殺賊有功，陞左都督。天順元年二月十一日封懷柔伯。[33]

施聚的父親施忠如同前述的「山後軍士」，歸附後撥充燕山右護衛，為成祖參與「奉天征討」以至「征進漠北」。而施氏一族的發跡，則要到施聚「征進全寧等處及兀良哈達賊」先陞為左府都督僉事，其後征戰各地，至正統十四年（1449）再陞為總兵官協守遼東，景泰三年（1452）又領登州營殺

31 《明功臣襲封底簿》，《明代傳記叢刊》，第55冊，頁349-350。

32 《明英宗實錄》提到「懷柔伯施聚卒。聚，本山後人，後居順天府通州」。《明英宗實錄》，卷344，天順六年九月丙午條，頁6961-6962。

33 《明功臣襲封底簿》，《明代傳記叢刊》，第55冊，頁61-62。

賊有功。

可見其一生功業先在全寧，後在遼東，並在天順元年（1457）封為懷柔伯。與同時於天順元年封爵的還有東寧伯焦禮，而其功業則於神道碑詳細記及：

> 公諱禮，字尚節，山後人。曾祖克赤祖苦馬，父捌思台，俱以公貴，贈東寧伯，曾祖妣伯顏禿、祖妣苦翠、妣伯氏俱贈伯夫人。公天資雄偉，饒智略，善騎射，累功至通州衛指揮僉事。永樂初屢從太宗皇帝北征，戰功居多。宣德初以遼東密邇諸夷，命公往守，適與虜遇，公當陣，生致賊酋忽失捌餘皆潰散，陞指揮使。辛卯，邊將以公才堪御眾，薦陞都指揮僉事。壬辰，以征哨功進都指揮同知，威名大振。正統辛酉，用都督曹義薦陞都指揮使。壬戌，海西虜寇邊，公率兵禦之，獲士馬甚眾。癸亥，朝廷嘉公之能，遣敕命守寧遠。乙丑，以公多邊功進左軍都督府事仍守寧遠。丁卯，公率兵襲敗虜於境外，以奇功陞都督同知，復有白金綵幣之賚。己巳，復襲敗虜如丁卯，獲馬牛軍器無算，敕陞右都督充左副總兵，白金綵幣之賚甚厚。景泰甲戌，公復率兵對虜，生致渠魁一人獲牛馬尤眾，進左都督。天順改元，英宗皇帝念公久於邊，遣敕封奉天翊衛宣力武臣、特進榮祿大夫、柱國、東寧伯，食祿一千二百石，子孫世襲賜誥券。[34]

焦禮作為「山後人」後代自永樂初年已扈從成祖北征，但自宣德以後鎮守遼東才是其建功立業之處，不僅擊敗海西女真，並且長期鎮守寧遠。由此可見，靖難之役雖如奇文瑛所指是歸附軍士陞遷的重要機會，但從薛斌、薛貴、吳成、滕定、施聚、焦禮的封爵，可知永樂北征或是宣德、正統時期鎮馭全寧和遼東才是「山後武官」真正大顯身手、提拔至功侯的時機。

---

34 〔明〕焦竑：《國朝獻徵錄》，《明代傳記叢刊》，第109冊，卷9，頁310。

姓名		授爵時間	封號、封爵、封秩
1.	薛斌	永樂十八年	奉天翊衛宣力武臣、特進榮祿大夫、柱國、永順伯，食祿九百石
2.	薛貴	永樂二十年	奉天翊運宣力武臣、特進榮祿大夫、柱國、安順伯，食祿九百石[35]
3.	吳成	洪熙元年	奉天翊衛宣力武臣、特進榮祿大夫、柱國、清平伯，食祿一千一百石
4.	滕定	宣德四年	奉天翊衛宣力武臣、特進榮祿大夫、柱國、奉化伯，祿八百石
5.	施聚	天順元年	奉天翊衛宣力武臣、特進榮祿大夫、柱國、懷柔伯，食祿一千一百石
6.	焦禮	天順元年	奉天翊衛宣力武臣、特進榮祿大夫、柱國、東寧伯，食祿一千二百石

「山後人」在永樂至天順的封爵，正說明他們在永樂以降的軍事角色日漸重要。因此，其後的安順伯薛瑤曾管五軍營，調顯武營兼掌府軍前衛印。[36]薛勳於成化間襲永順伯，嘗坐五千敢、勇二營統領官軍直宿內禁，以至總督南京操江。[37]東寧伯焦洵亦曾坐司三千營。[38]不僅功至封侯，透過翻閱明英宗、憲宗、孝宗等實錄，也可以發現不少「山後武官」曾於永樂征進阿魯台、正統攻伐麓川、平閩寇鄧茂七，乃至成化從征大藤峽與兩廣，而陞至都督同知、僉事：

「山後武官」		從征記錄
1.	左軍都督同知劉得新	從征麓川、守備雲南。正統十二年征閩賊。[39]
2.	後軍都督同知王斌	從陽武侯薛祿征迤北。正統六年從征麓川，

35 薛貴於宣德元年七月進封為「安順侯」。《明宣宗實錄》卷19，宣德元年七月庚申條，頁514。

36 《明孝宗實錄》，卷35，弘治三年二月己丑條，頁755。

37 《明武宗實錄》，卷76，正德六年六月壬辰條，頁1669。

38 《明武宗實錄》，卷176，正德十四年七月乙卯條，頁3429。

39 《明英宗實錄・廢帝郕戾王附錄》，卷234，景泰四年十月丙戌條，頁5104。

「山後武官」		從征記錄
		八年守備延綏。景泰元年協同靖遠伯王驥征湖廣。[40]
3.	南京右軍都督僉事詹忠	征進麓川，調南京掌右府事。[41]
4.	後軍都督府都督僉事王順	征進白沙窩。景泰紫荊關功。天順中曹欽反以功陞。[42]
5.	後軍都督府都督同知季鐸	出使罕東瓦剌、土木之變通問虜廷。[43]
6.	右軍都督府都督僉事廉忠	從征兩廣有功。[44]
7.	前軍右都督李榮	使西域，景泰二年命充甘州參將，久之充副總兵鎮守甘肅。[45]
8.	都督同知鮑政	從征麓川，平閩寇鄧茂七，充總兵官鎮守甘肅。[46]
9.	都督僉事楊麟	從征大藤峽。[47]
10.	都督僉事葉春	永樂迤北剿阿魯台，正統十三年使瓦剌。[48]
11.	中府都督僉事白玉	正統十四年守西直門，征羅山、荊、襄、荒川并延綏。成化九年從征雙山，十二年鎮守廣西。[49]
12.	後軍都督僉事柯忠	正統十四年守備偏頭關，成化間調南京前軍都督府管事。[50]

40 《明英宗實錄》，卷317，天順四年七月甲申條，頁6612。

41 〔明〕劉吉等纂：《明憲宗實錄》（臺北市：中央研究院歷史語言研究所校印本，1966年），卷24，成化元年十二月己亥條，頁473。

42 《明憲宗實錄》，卷43，成化三年六月甲寅條，頁890。

43 《明憲宗實錄》，卷45，成化三年八月庚申條，頁943-944。

44 《明憲宗實錄》，卷82，成化六年八月癸亥條，頁1608。

45 《明憲宗實錄》，卷136，成化十年十二月壬午條，頁2543-2544。

46 《明憲宗實錄》，卷159，成化十二年十一月己未條，頁2912-2913。

47 《明憲宗實錄》，卷187，成化十五年二月甲辰條，頁3348。

48 《明憲宗實錄》，卷195，成化十五年十月庚戌條，頁3448。

49 《明憲宗實錄》，卷223，成化十八年正月癸巳條，頁3842

50 《明孝宗實錄》，卷57，弘治四年十一月乙酉條，頁1101-1102。

「山後人」自明初歸附於衛所，其命運自然與明朝休戚與共。不少「山後人」在歸附後被編入燕山右護衛、薊州衛等北平諸衛，成為了永樂奪嫡的重要軍力之一，而此後於明前期的邊防變得日漸重要，薛斌、薛貴、吳成、滕定、施聚與焦禮的封爵正好說明這一點，所以「山後人」也成為了明代軍事體制中的重要一份子。在這樣的情況下，對於他們在中土的生活有何改變？

三 「山後人」在中土

「山後人」編進衛所後，對於明廷最直接的貢獻，莫過於參與征戰。然而前述的後軍都督府都督同知季鐸，則正好呈現「山後人」的多方面發展，《明憲宗實錄》提到：

> 鐸，山後人，襲父職陞金吾右衛千戶，譯字四夷館，出使罕東、瓦剌，歷陞指揮使。己巳之變，通問虜廷，回陞都指揮同知。未幾陞都指揮使，復使于虜。適虜奉駕還至土城外，廷議迎駕以大臣。遂陞通政王復為尚書、中書舍人趙榮為少卿往迎。英廟詢二人銜名，鐸以舊銜新陞為對，致虜不信，還下錦衣衛獄，降福建千戶。天順改元會赦，鐸欲還京，所司不敢遽釋，鐸銜之既而有旨召還，即揚言曰：鐸至京面御，將若輩必奏黜之。所司懼，賂遺盈橐，而還陞都督僉事，仍供職四夷館。[51]

季鐸的陞遷似乎並不是因為戰功，而是在於聘問。先是作為「譯字四夷館」出使罕東、瓦剌而升為指揮使。更為重要的是在土木之變期間陞為都指揮同知，為明廷派往迎駕的王復、趙榮任通事翻譯「通問虜廷」。雖然瓦剌不信其翻譯致其降職，但在天順後仍陞都督僉事供職四夷館。由此可見，季鐸雖是軍籍，但其供職卻於四夷館，正說明「山後人」是安置歸附人的重要

51 《明憲宗實錄》，卷45，成化三年八月庚申條，頁943-944。

戶籍。而「山後人」供職四夷館，正說明「山後人」作為沒有原籍的歸附登記，代表著不同來源的異族，而這一背景正裨益明廷的中外往還。所以也反映衛所是明代處理多元異族的重要制度，附論提到的暹羅人三英、爪哇人徐慶、交趾人陳受、古里國人沙班等歸附後也是編入衛所。

無獨有偶，《四譯館增訂館則》卷七〈屬官〉分別於「韃靼館」、「回回館」提到兩位「山後人」——「馬應乾，子健順，順天府宛平縣籍，山後人，嘉靖四十五年進歷上林苑監監丞教師」[52]、「任鑾，世四，山後人，正德四年，進授鴻臚寺序班」，[53]「山後人」由於是沒有或失去原籍的登記，所以當中有著不同文化背景的歸附人，既有通韃靼語的季鐸、馬應乾，也有通回回語的任鑾。

「山後人」由於包含異族的背景，致使在翻譯、出使上有獨特的角色，然而隨著他們定居中土日久，漢化是否將他們的文化特色消融？再者，薛斌、薛貴、吳成、滕定、施聚、焦禮等「山後武官」晉封侯爵。奇文瑛則透過碑銘研究會寧伯李寧哥、恭順伯吳允誠、懷柔伯施聚等「達官」家族的婚姻，指出他們雖然早期大多與異族聯姻，但到了弘治、嘉靖之際則不再拘泥於異族武官，而漸與漢官士庶聯姻，致使他們的下一代日漸儒化。[54]而其他「山後軍士」又是否如此？明末福州右衛指揮使胡上琛（1616-1646）則是當中值得關注的事例。

屈大均（1630-1696）《皇明四朝成仁錄》列胡上琛為「天興死節」，[55]《明史．胡上琛傳》也提到其殉節：

52 〔明〕呂維祺等輯：《四譯館增定館則》，《續修四庫全書》史部職官類第749冊（上海市：上海古籍出版據華東師範大學圖書館藏民國三十七年（1948）玄覽堂叢書三集影印明崇禎刻清康熙十二年（1673）袁懋德補刻增修後印本影印，1995年），卷7，〈屬官．韃靼館〉，頁556。

53 《四譯館增定館則》，卷7，〈屬官．回回館〉，頁557。

54 奇文瑛：〈碑銘所見明代達官婚姻關係〉，頁167-181。

55 〔清〕屈大均：《皇明四朝成仁錄》，《四庫禁燬書叢刊》史部第50冊（北京市：北京出版社據民國商務印書館長沙影印排印廣東叢書本影印，2000年），卷9，〈天興死節傳〉，頁632。

> 上琛，字席公。世襲福州右衛指揮使。好讀書，能詩。既襲職，復舉武鄉試。唐王時，官錦衣衛指揮，遷署都督僉事，充御營總兵官，從至汀州。王被執，上琛奔還福州，謂家人曰：「吾世臣，不可苟活，為我採毒草來。」妾劉年二十，願同死。上琛喜曰：「汝幼婦亦能死耶！」遂整冠帶與妾共飲藥酒而卒。[56]

胡上琛為世襲福州右衛指揮使，不僅為隆武帝（朱聿鍵，1602-1646，在位1645-1646）的錦衣衛指揮充御營總兵官，更於隆武被俘後與妾劉氏同飲藥殉國，殉節忠烈堪比明亡士大夫。而所幸現存的福州右衛選簿正保留到胡上琛一族的武官履歷，我們可以從中窺見其家世。

胡上琛為該軍籍的第九輩，萬曆四十二年（1614）其父胡大順去世，因年幼而全俸優給，直至天啟七年（1627）四月才出幼襲職，而這大抵與《明史・胡上琛傳》吻合。至於其家族編入軍籍的緣由，選簿貼黃提到：

> 胡天寵，年二十九歲，係福州右衛指揮使，原籍山後人。始祖胡失里木，洪武二十一年歸附，撥河南衛中所閑良頭目。（洪武）三十三年四月將領旗軍一百六名於白溝河投順，隨軍奉天征討，攻圍濟南，功陞燕山中護衛左所副千戶。三十四年夾河、藁城奇功陞指揮僉事。三十五年小河陣亡。高祖胡陸拾玖係嫡長男，永樂二年因從征屢有奇功，陞大興左衛指揮同知。八年征勦胡寇至飲馬河，靜虜鎮功陞指揮使。老曾祖胡戎係嫡長男，宣德元年八月替。正統十四年德勝門殺賊有功，陞都指揮僉事。[57]

貼黃清楚指出胡上琛一族「原籍山後人」，始於胡失里木在洪武二十一年歸附，其後在靖難之役倒戈支持燕王而陣亡，胡陸拾玖襲職後也隨成祖出征漠北，這經歷正與薛斌、薛貴、吳成等相類。但不同的是，胡上琛一族並

56 《明史》，卷277，〈列傳一百六十五・胡上琛〉，頁7110。

57 《中國明朝檔案總匯》，第64冊，頁285-286。

非駐守於京畿，而是派駐於福州右衛直至明亡。

當然胡上琛一族為芸芸眾多「山後人」之一，但其殉節正為我們說明了洪武時期安插的歸附軍士，雖然在軍籍上仍然維持歸附「山後人」為籍貫，且在俸給、清軍、刑法上處理不同，但散居日久，日趨同化，文化上「好讀書，能詩」的儒化，致使在認同上與漢族士庶無異，不僅擁戴南明唐王，更為其殉國。由此可見，異族歸附軍士透過「山後人」作為軍籍身份，得以融入明代軍政，雖有勾軍、俸給、刑法上的不同處理，但更重要的是這賦予了他們在中土落地生根的戶籍。而胡上琛一族則正好說明了這種始自洪武的歸附軍政處理，是如何左右歸附軍士世代的命運。

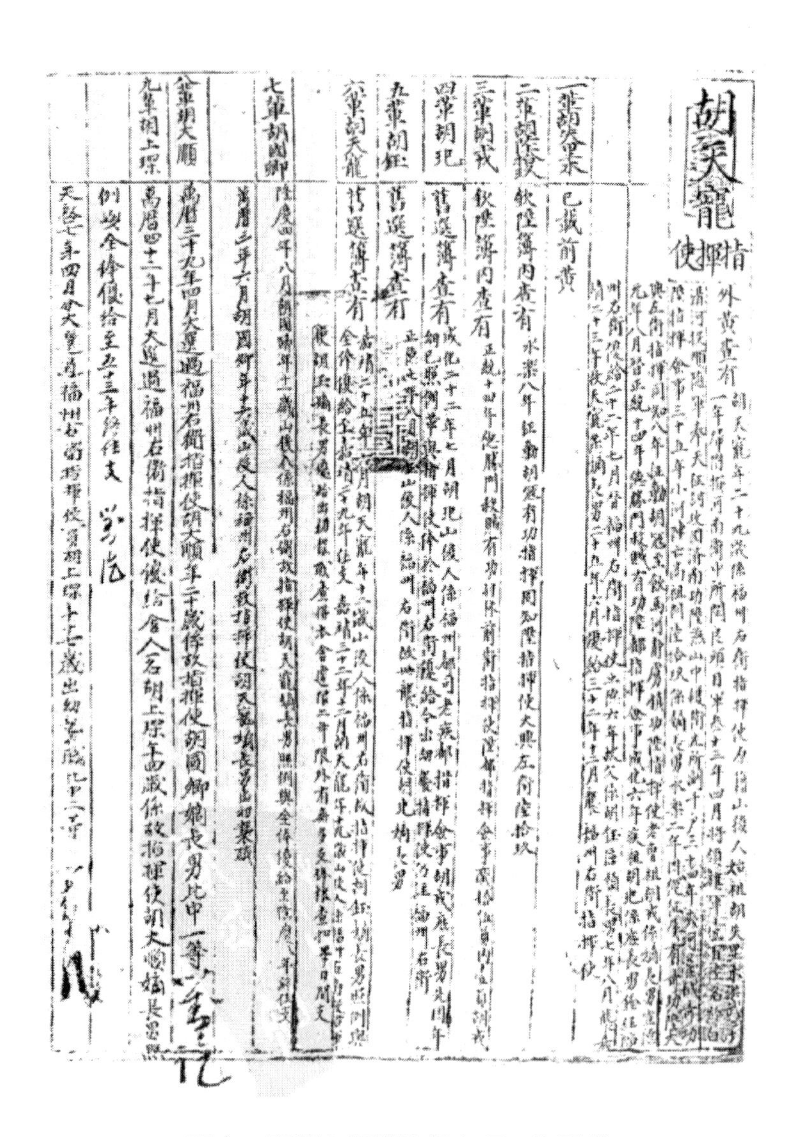

胡天寵 指揮使

外黃查有

一輩胡[illegible] 已載前黃

二輩胡[illegible] 欽陞簿內查有 永樂八年征剿胡寇有功指揮同知陞指揮使大興左衛陞拾玖

三輩胡[illegible] 欽陞簿內查有

四輩胡玘 舊選簿查有 成化二十二年七月胡玘山後人係福州右衛

五輩胡鉦 舊選簿查有

六輩胡天寵 舊選簿查有

七輩胡國卿 隆慶四年八月胡國卿年十二歲山後人係福州右衛故指揮使胡天寵嫡長男

萬曆三年六月胡國卿年十五歲山後人係福州右衛故指揮使胡天寵嫡長男出幼襲職

八輩胡大順 萬曆二十九年四月大選過福州右衛指揮使胡大順年二十歲係故指揮使胡國卿嫡長男比中一等

九輩胡上琛 萬曆四十二年七月大選過福州右衛指揮使優給舍人名胡上琛年四歲係故指揮使胡大順嫡長男

例與全俸優給至五十三年終住支

天啟七年四月大選過福州右衛指揮使胡上琛十七歲出幼襲職比中二等

圖六　福州右衛選簿胡上琛一族記載

出處：《中國明朝檔案總匯》，第64冊，頁285-286。

四　小結

「山後人」作為始自洪武時期處理歸附的軍籍登記，自然少不免其時歸附的故元軍民。而當中不少更被安插至燕山右護衛、薊州衛、永平衛等北平諸衛，因緣際會下與燕王朱棣的政治命運共榮共存，不僅參與「奉天征討」以至「從征漠北」，如永順伯薛斌、安順侯薛貴、清平伯吳成等。靖難以後，「山後人」在軍事上的角色亦日漸重要，懷柔伯施聚、東寧伯焦禮更在宣德、正統之際鎮守遼東等地而獲殊功封爵。

「山後人」不僅於軍事上嶄露頭角，而且由於其收容沒有或失去原籍的歸附軍士，當中自然有著不同文化背景的異族，這亦使他們貢獻於出使或四夷館。雖然「山後人」是歸附而來，但隨著他們世居中土，當中亦有如胡上琛者既「好讀書」更為明亡殉國。所以「山後人」的切入，正好讓我們瞭解到歸附軍士對於明前期的軍事，乃至各層面的影響，毋寧可重新反思不同族群或文化如何影響著明朝的發展。

第五章
結論

「山後武官」威清衛副千戶張拱良的外黃提到：[1]

> 張阿的迷失，東勝州人，係陣亡百戶張月魯親姪。叔先係樞密院副樞，洪武九年投附，除大同蒙古所百戶。十三年調潁川衛，十六年陣亡。[2]

「大同蒙古所百戶」正反映明初曾於各地設置「蒙古」千戶所、百戶所，以安置「樞密院副樞」等故元的降官、降軍。無獨有偶，歸德衛副千戶保國銓的外黃也記到：

> 保守道，係月兒海子人。有祖父狗兒，元朝郡王，洪武九年領軍歸附赴京，欽除山西蒙古千戶所副千戶，病故。父保哥襲潁川衛後所副千戶。[3]

而《明太祖實錄》的洪武四年正月辛卯條，也提到任命「河州吐番諸酋」何瑣南普為河州衛指揮同知，並置八個千戶所，其中一個正為「蒙古軍」。[4]其實除了各地，太祖更於洪武三年在京師設置蒙古衛，安置「故元僉院脫火赤」、「故元廣平王保咱」、「司徒保保」、「威寧王帖木兒」、「元樞密知

1　張拱良一族的五輩張貴、六輩張詢、七輩張仁、八輩張銑、十輩張治化（即張拱良嫡長男）的選條都在籍貫提為「山後人」。《中國明朝檔案總匯》，第60冊，頁172。

2　《中國明朝檔案總匯》，第60冊，頁171。

3　《中國明朝檔案總匯》，第62冊，頁66。

4　《明太祖實錄》，卷60，洪武四年正月辛卯條，頁1173。

院闊闊帖木兒」等歸降的故元官軍，[5]洪武八年更擴充成蒙古左衛、蒙古右衛。王雄等認為這些蒙古衛所的設立是為了安置蒙古軍士，而蒙古左、右衛的增置則反映了歸附者日眾。[6]

但洪武二十六年（1393）編定的《逆臣錄》似乎呈現不一樣的景象，當中提到的蒙古左衛百戶周政、吳敏、郝貴分別是湖廣黃州府蘄水縣人、河南府洛陽縣人、鳳陽府臨淮縣人。蒙古左衛總旗禹斗斗為淮安府山陽縣人。至於蒙古右衛指揮僉事司敏更是鳳陽府靈璧縣人。[7]他們皆有清楚的籍貫登記，顯然絕非游牧民族的蒙古人。所以《逆臣錄》說明了蒙古左衛、右衛並非只有蒙古軍士。雖然《逆臣錄》與《諸司職掌》均證明蒙古左衛、右衛仍見於洪武後期，但從《大明會典》可知其後均被革除。[8]再加上大同蒙古所、山西蒙古千戶所、「蒙古軍」等千戶所也逐漸消失於史籍，這正說明了此類如元制於各地設蒙古衛所的造法，並非有效安置歸附軍士的方法。

因此，如何安置《蒙古源流》提到的「四十萬蒙古中，得脫者惟六萬，其三十四萬被圍而陷矣」，頓成一大難題。《逆臣錄》雖然提到蒙古左衛、右衛也有非蒙古族的軍士，但同時其實也提到有「達達指揮僉事乃兒不花」，而且更清楚指出留守左衛不管事指揮僉事脫台為「達達人」，留守左衛鎮撫司帶管食糧頭目只兒瓦歹係「北平達達人氏」，[9]但翻查迄今存武職選簿只見為數極少的「達達人」。[10]換言之，「達達人」似乎並非處理明初歸附軍士的主要方式。蓋因奇文瑛也曾指出「故元官兵」並不純為蒙古人，同時也有色

5 《明太祖實錄》，卷83、100、110，洪武六年七月癸丑條、八年丙戌條、九年十月戊寅條，頁1487-1488、1696、1823。

6 王雄：〈明洪武時對蒙古人眾的招撫和安置〉，頁82。

7 〔明〕明太祖敕錄，王天有、張何清點校：《逆臣錄》（北京市：北京大學出版社，1991年），卷4，頁198-200。

8 《（正德）大明會典》，卷108，〈城隍〉，頁455。

9 《逆臣錄》，卷5，頁289-291。

10 王坤、陳應鵬、任俊、陳尚忠、仲錦、宛承祖、趙希憲、艾叔千、脫應魁、火然等武官的選簿曾提到「達達人」。《中國明朝檔案總匯》，第49、55、58、63、73冊，頁425，460-461，490-491；146，165；150；346-347；43-44，57。

目人、漢人、南人。元代侍衛親軍中的漢人、南人更多達百分之六十六。[11] 所以「達達人」似乎並不足以代表元明易代的歸附軍士。

「山後人」本僅指洪武四年山後順寧府、宜興州之移民。但隨著他們被編入軍伍，原屬府州又因邊防而被裁撤，「山後人」遂成為他們在軍籍上的籍貫。隨著元朝殘餘勢力節節敗退，故元軍士相繼前來歸附明廷，他們也面對著軍籍上無原籍可登記的問題，「山後人」作為處理沒有原籍歸附軍士的軍籍籍貫，自然順理成章地延伸至他們身上。洪武二十年納哈山麾下的「碧山漢人」、「遼陽人」、「錦州軍籍」在歸附後也被視為「山後人」。而這正解釋到何以眾多洪武時期歸附的軍士，在武職選簿上的籍貫都是「山後人」，即使他們是不同時期、不同地區前來歸附。

所以在這樣情況下，追隨燕王於靖難之變起兵的「山後人」不少為故元軍士及其後裔，而永順伯薛斌、安順侯薛貴、清平伯吳成更追隨永樂帝征戰漠北而獲功封爵，奉化伯滕定、懷柔伯施聚與東寧伯焦禮等則因鎮禦遼東獲殊勳。由此可見，蒙元於明前期的影響似乎比想像中更廣，特別是我們可以發現這些歸附軍士及其後代，由於其異族的背景，通曉域外語言與文化，成為遣外使者的通事或隨員，甚至於四夷館內供職。

所以透過將「山後人」視為軍籍登記，可以看到洪武時期對歸附軍士的處理所造成的影響。在軍政管理上而言，由於「山後人」沒有原籍的特性，致使其在勾軍、俸給、刑法上都有區別安排，所以不獨是洪武時期的歸附軍士，永樂、宣德、正統甚至天順等不同時期來自不同族群的歸附軍士也因軍政管理之便而被視為「山後人」。故此「山後人」只不過為一種軍籍的籍貫登記，以處理沒有原籍的歸附軍士，並不具有族群的意義，能適用於早至開國以前的元順帝至正時期，晚至明英宗的天順時期的歸附軍士。

然而「山後人」並非明代處理歸附軍士的唯一方法，武職選簿上尚有為數不少的「迤北人」、「迤西人」、「女直人」、「遼陽人」、「回回人」、「賀蘭山人」、「月兒海子人」等林林總總的歸附人。但晚明《大明律・化外人有犯》的箋注只提到「達官」、「達軍」與「山後人」，毋寧說明了「山後人」為明

11 奇文瑛：《明代衛所歸附人研究——以遼東和京畿地區衛所達官中心》，頁17。

代歸附軍士的大宗。這亦是何以本書希望透過「山後人」，探討明代衛所的歸附軍政，及其可作延伸的方向與值得注意的問題。「山後人」揭示出歸附人於軍籍登記的複雜性，「山後人」與「達官」、「迤北人」可並存於同一武官的選簿，這毋寧說明了這些身分並不能單純地視為族群，而應從歸附來源等各層面進行更深入的探究。其次，「山後人」作為歸附軍士沒有原籍的特質，正使得仰賴籍貫運行的衛所軍政，需為他們在清軍、俸給甚至刑法上有區別的處理。

因此，本書希望作為一個開始，透過上述研習「山後人」所得的經驗，說明日後研究衛所中的歸附人時，不僅需更小心處理武職選簿當中提到的「迤北人」與「女直人」等身分，同時也要注意不同時期對於身分的詮釋是否存在不同，乃至於在什麼時期多與「山後人」身分替換或重疊，蓋因前述清平伯吳成、永順伯薛斌、安順侯薛貴、懷柔伯施聚、東寧伯焦禮等在碑刻、實錄乃至各種史籍上的籍貫都不盡相同，某程度正反映不同時期對於異族詮釋的差異。再者，「迤北人」、「女直人」等皆為沒有原籍的歸附軍士，在籍貫沒有冠以「山後人」的情況下，其軍役、軍政管理又是否等同「山後人」或是有所區別？特別是奇文瑛指「達官」在軍役處理上存在「軍籍達官」與「寄籍達官」之分。而「山後人」在清軍、俸給、刑法等範疇外，其沒有原籍的特質在其他方面是否也導致有不同的處理？而歸附軍士透過「山後人」作為籍貫在宗族、婚姻等社會生活上，乃至作為衛籍投身科名等方面，也冀在族譜、文集、鄉試錄、會試錄找到他們的蹤跡，並透過族譜等民間文獻檢視相關歸附軍政管理是如何具體執行，並又與條文是否存在差異，乃至於對民間社會造成怎樣的實際影響等等，這些都是日後值得再深入探討的問題。

要之，本書盼以「山後人」作為一個示例，重新檢視明代是如何處理歸附軍士的軍政問題，誠如魯大維所指，明朝的建立面對蒙元帝國的遺產，無可避免地要繼承或沿用異族以為應對。因此本書的附論，也希望透過武職選簿中的暹羅人、爪哇人、交趾人、古里國人等外國人，分析明朝是如何吸納他們，並又安置他們於錦衣衛，從而說明衛所不單純是軍制，更是明朝處理安置異族的重要制度，而這正是呈現明朝如何吸納多元文化於統治。

附論
衛所中的「蕃國人」

透過「山後人」的研究正反映明朝如何透過這類軍籍，收容著從至正到天順來自山後移民、故元軍士、迤北、迤西等不同來源的歸附軍士，而「碧山漢人」、「女直人」也曾在選簿上視為「山後人」，正說明衛所存在著不同文化背景的族群。這正表明在奴兒干都司、關西七衛等羈縻衛所及西南土司外，[1]衛所自身就存在不同族群的人，為其所用，不論於靖難之役或是永樂北征，乃至鎮守遼東等明前期的軍事戰役皆有建樹。而正因其特殊的文化背景，更聘問瓦剌、譯字四夷館。衛所無疑是明朝處理多元族群的重要制度，這正折射出明朝吸納多元族群與文化的一面。

然而這種制度是如何幫助明朝在蒙元多元民族帝國崩潰下重建秩序，無疑是值得關注的問題，尤其是錦衣衛指揮僉事矮以幽的貼黃提到：

> 艾忽先，迤北人。祖完者禿，洪武二十年充平陽衛軍，改虎賁右衛（原文缺此部分）送錦衣衛帶官。（永樂）十三年，撒馬兒罕公幹，陞錦衣衛帶俸百戶。十六年，撒（原文缺此部分）。（宣德）八年，撒馬兒罕公幹，陞本衛帶俸流官指揮僉事。[2]

洪武二十年（1387）來自漠北的完者禿似與元廷關係密切，歸附後先至平陽衛、虎賁右衛，其後才調至錦衣衛。而重要的是，完者禿一族先後於永樂十三年（1415）、永樂十六年（1418）、宣德八年（1433）「撒馬兒罕公幹」。撒馬兒罕其時自詡為蒙元帝國繼承人的帖木兒帝國。而魯大維指出在

1　彭建英：〈明代羈縻衛所制述論〉，頁24-36。

2　《中國明朝檔案總匯》，第49冊，頁399-400。

蒙元帝國崩解後，歐亞各地無可避免地要處理其「遺產」。[3]所以在「後蒙古時代」，明朝與帖木兒帝國的往來也無可避免地受著過往蒙元帝國的模式影響。來自漠北的完者禿一族正好於這一點為兩國往還，發揮重要的作用。

隨著《中國明朝檔案總匯》出版大量武職選簿，揭示出衛所不僅有「回回人」、「女直人」、「迤北人」等周邊民族，更有從高麗、安南、暹羅、爪哇、西洋古里國遠渡而來的外國人：[4]

表八　現存武職選簿中的外國人

姓名		歸附緣由	所屬衛所	來自
1.	潘咬住	洪武二十一年歸附	會州衛、大寧左衛	高麗人
2.	三英	洪武九年前來養象	錦衣衛	暹羅國人
3.	徐慶	洪武十二年差送西馬赴京	錦衣衛	爪哇國人
4.	陳受	內使陳添保姪男	錦衣衛	交趾人
5.	宗真	洪武六年進	錦衣衛	交趾清華府
6.	沙班		南京錦衣衛	古里國人
7.	金沙班		鷹揚衛	番國人

洪武二十六年的《諸司職掌》將高麗、暹羅、琉球、占城、真臘、安南、日本、爪哇、瑣里、西洋瑣里、三佛齊、浡泥、百花、覽邦、彭亨、淡巴、須文達視為「蕃國」。[5]雖然衛選簿並未清楚指出金沙班是來自何處，但其標示為「番國人」，則可知他顯然與周邊少數民族有別，應是來自於外國。而高麗人潘咬住於洪武二十一年歸附並撥與北平行都司的會州衛，則與前述部分「山後人」類近，很有可能是故元軍士。至於陳受為內使陳添保的

3 David M. Robinson, *In the Shadow of the Mongol Empire: Ming China and Eurasia*, pp.1-25, 29-35.

4 過往僅張鴻翔、川越泰博注意到暹羅人三保、古里國人抬班、爪哇人徐慶。張鴻翔：〈明外族賜姓續考〉，頁24；川越泰博：〈爪哇人徐慶とその子孫：明朝档案研究の一齣〉，《中央大学文学部紀要》第251號（2014年3月），頁101-121。

5 《諸司職掌》，頁709。

姪男，恩蔭宦官的義男或家人於錦衣衛並非罕見，[6]為人熟知者則如王山、王林為王振（？-1449）之姪。[7]太祖開國以來，明廷續向安南、高麗徵召閹人入宮，且至成祖用兵安南改置郡縣，更虜童子入宮，金英、興安正是由此而來。[8]而內使陳添保則有可能是在情況下入宮成為內使，蓋因陳受的二輩陳昌、四輩陳鸞仍然提到是來自「利仁縣」，[9]而「利仁縣」則是永樂吞併交趾時期的屬縣。[10]

衛所中的外國人透過各式各樣的渠道而歸附明朝，然而在當中最為大宗者則為「朝貢」，而這更與其歸附後的安排有密切關係。

一　「朝貢」與「歸附」

因為「朝貢」而歸附並不罕見，前述第二章也提到有海西兀里奚山衛野人戳落、迤北達子火兒忽赤分別因永樂五年（1407）、宣德七年（1432）赴京朝貢而歸附入衛。[11]然而爪哇人徐慶、暹羅人三英則是有特定的作用才歸附入衛，南京錦衣衛選簿提到：

> 徐慶，爪哇國人，洪武十二年差送西馬赴京，撥典牧所養馬。二十一年撥錦衣衛中右所養象。二十二年併充旗。三十五年（缺字）做通事跟往爪哇國。永樂二年回還，陞錦衣衛馴象所百戶。徐英係徐慶嫡長

6　錦衣衛副千戶顏金、實授百戶尚天爵、實授百戶王洪、試百戶王淳、試百戶吳國臣、試百戶李辰、試百戶劉棟、試百戶羅文、試百戶王元慶、署試百戶郭添祿等軍籍也是始於太監恩蔭。《中國明朝檔案總匯》，第49冊，頁199、218、233、280、287、289、292、295、296。

7　《明英宗實錄》，卷181，正統十四年八月庚午條，頁3522。

8　陳學霖：〈明代安南籍宦官史事考述：金英、興安〉，載氏著：《明代人物與史料》（香港：中文大學出版社，2001年），頁205-249。

9　《中國明朝檔案總匯》，第49冊，頁246-247。

10　《明太宗實錄》，卷167，永樂十三年八月丁亥條，頁1865-1867。

11　《中國明朝檔案總匯》，第49、55冊，頁398、206。

> 男，父淬故，英襲世襲百戶。[12]

爪哇國人徐慶的歸附乃由於「洪武十二年差送西馬赴京，撥典牧所養馬」，對照《明太祖實錄》載「爪哇國王八達那巴那務遣其臣八智巫沙等奉表貢方物」[13]，可知洪武十二年確有爪哇使團入貢，但可惜並未有具體交代是何種「方物」。而翻查《明太祖實錄》洪武十年十一月癸未條，提到「爪哇國王八達那巴那務遣其臣八智巫沙等上金葉表，貢馬及白鹿、孔雀、犀角之屬」[14]，可知馬匹亦是爪哇的貢物之一。換言之，爪哇人徐慶很有可能是洪武十二年（1379）十月隨八智巫沙使團來華。

有別於戳落與火兒忽赤，爪哇人徐慶是因「撥典牧所養馬」歸附入衛。而典牧所馴養著納溪、白渡等司以至西域所進獻的良馬，[15]作為皇帝儀仗用於朝會、朝賀等各種禮儀。這正反映明初開國缺乏儀仗馴獸，作為貢物的馬匹自然受到重視，而撥與典牧所以備日後儀仗之用。爪哇人徐慶也正由於「差送西馬赴京」，而「撥典牧所養馬」。然而因儀仗馴獸留華並不止徐慶，南京錦衣衛選簿提到：

> 三保，暹羅國人，有父三英，洪武九年前來養象。二十年充小旗，二十三年併充總旗。永樂元年除世襲百戶，永樂六年陞世襲副千戶，十二年故。保係嫡長男，永樂十四年欽錦衣衛馴象所世襲正千戶。宣德四年為違法事問擬重罪運磚。宣德欽依還職。[16]

暹羅人三英正是由於「洪武九年前來養象」而留在中國，雖然目前並未找到暹羅於洪武九年入貢的記載。但暹羅自洪武三年（1370）八月太祖派呂

---

12 《中國明朝檔案總匯》，第73冊，頁157。

13 《明太祖實錄》，卷126，洪武十二年十月己卯條，頁2018。

14 《明太祖實錄》，卷116，洪武十年十一月癸未條，頁1892。

15 《明太祖實錄》，卷88、110，洪武七年三月乙未條、九年十一月庚寅條，頁1566，1828。

16 《中國明朝檔案總匯》第73冊，頁25。

宗俊等招論建立關係，[17]從洪武四年首次入貢至洪武八年先後十一次來華朝貢，當中洪武四年九月昭晏孤蠻的使團就有朝貢「馴象六、足龜」等方物。[18]暹羅人三英也有可能是因暹羅頻繁入貢而留華。明廷正是看中他們與馴獸都是來自於東南亞，熟習馴獸的生活環境與習性，因而將他們歸附入衛負責馴養。所以交趾人真忠、宗真雖是於「洪武六年進」，但宗真更清楚提到「於占城封充頭目，（洪武）九年差領牙象進貢」。[19]

而值得注意的是，徐慶雖於歸附後「撥典牧所養馬」，但在洪武二十一年（1388）則撥「錦衣衛中右所養象」，所以徐慶來自爪哇的背景，不僅使其負責馴養貢馬，更為重要的是負責「養象」。無獨有偶，選簿也提到宗真「二十年與小旗，操後撥錦衣衛中右所。二十三年併鎗充本衛所管象總旗」，[20]交趾人宗真在「領牙象進貢」後，也是調往錦衣衛中右所並且作為「管象總旗」。至於三保於永樂十四年（1416）襲父三英職時，則提到「欽錦衣衛馴象所世襲」。可見，這些來自於爪哇、暹羅與交趾等地的外國人都因朝貢與馴獸的關係而歸附入衛，洪武後期更因他們的東南亞背景，逐漸與「養象」關係密切而調往錦衣衛。可見這並非偶然，而是有其目的與意義。

二　錦衣衛、馴象、鹵簿

錦衣衛設於洪武十五年（1382）四月，[21]前身為儀鑾司，早於吳元年（1367）議定的即位禮儀已提到「儀鑾司官位於殿中門之左右」[22]，而洪武元年制定的皇太子親王及士庶婚禮，更提到「儀鑾司進金輅於東宮門內」[23]，

---

17 《明太祖實錄》，卷55，洪武三年八月辛酉條，頁1077。

18 《明太祖實錄》，卷68，洪武四年九月辛未條，頁1278。

19 《中國明朝檔案總匯》，第73冊，頁28。

20 《中國明朝檔案總匯》，第73冊，頁28。

21 《明太祖實錄》，卷144，洪武十五年四月乙未條，頁2266。

22 《明太祖實錄》，卷28上，吳元年十二月辛酉條，頁434。

23 《明太祖實錄》，卷37，洪武元年十二月癸酉條，頁711-743。

洪武六年（1373）制定的「大輅」也是交付儀鸞司，[24]翌年儀鸞司大使葉茂更奏進「御用車轎九。龍馬車一、三轅馬車一、象車一、四馬轎七、用馬棕轎一、紅氈轎一、紅竹轎一，以人肩之」[25]。而洪武三年（1370）《大明集禮・儀仗篇》更提到「制黃麾仗。凡正至聖節、朝會及冊拜、接見蕃臣、儀鸞司陳設儀仗」[26]，特別是正旦、冬至或聖節的朝會均載「使者位於文官拜位之東北」、「使者位，驗品在文官拜位之東北」，亦有「儀鸞司官位於殿中門之左右」。[27]

錦衣衛正是繼承了儀鸞司陳設儀仗的職能，洪武十八年（1385）更定的蕃國進表禮儀更提到「凡蕃國初附遣使奉表進貢方物。先於會同館安歇，禮部以表副本奏知。儀禮司引蕃使習儀，擇日朝見。其日，錦衣衛陳設儀仗。和聲郎設大樂於丹陛如常儀。」[28]而更為重要的是，錦衣衛進一步整合儀鸞司與拱衛司，並更為完整地接掌了儀仗隊伍。[29]換言之，外國使者來華朝貢可能參與的正旦、聖節、冬至的朝會或入朝均有錦衣衛負責陳設。然而錦衣衛與朝貢關係並不止於此，更為重要的是「鹵簿」。

早於吳元年的即位禮儀或是洪武元年的正旦朝賀儀，都提到：

> 陳設鹵簿，列甲士於午門外之東西，列旗仗於奉天門外之東西，龍旗十二分左右，用甲士十二人。北斗旗一，纛一居前，豹尾一居後，俱用甲士三人。虎豹各二、馴象六，分左右。……[30]

---

24 《明太祖實錄》，卷86，洪武六年十一月丁巳條，頁1528-1530。

25 《明太祖實錄》，卷93，洪武七年九月己巳條，頁1620。

26 〔明〕徐一夔：《大明集禮》，中國國家圖書館藏明嘉靖九年（1530）內府刻本，卷42，〈儀仗篇・總序〉，頁1b。

27 《大明集禮》，卷17，〈嘉禮第一・朝會〉，頁28-38。

28 《明太祖實錄》，卷172，洪武十八年三月庚辰條，頁2628-2629。

29 張金奎：〈錦衣衛形成過程述論〉，《史學集刊》2018年第5期，頁4-17。

30 《明太祖實錄》，卷28上、35，吳元年十二月辛酉條、洪武元年十月丁酉條，頁435-436、638-655。

而《大明集禮・蕃王朝貢》中的〈蕃王朝見之圖〉更繪有：

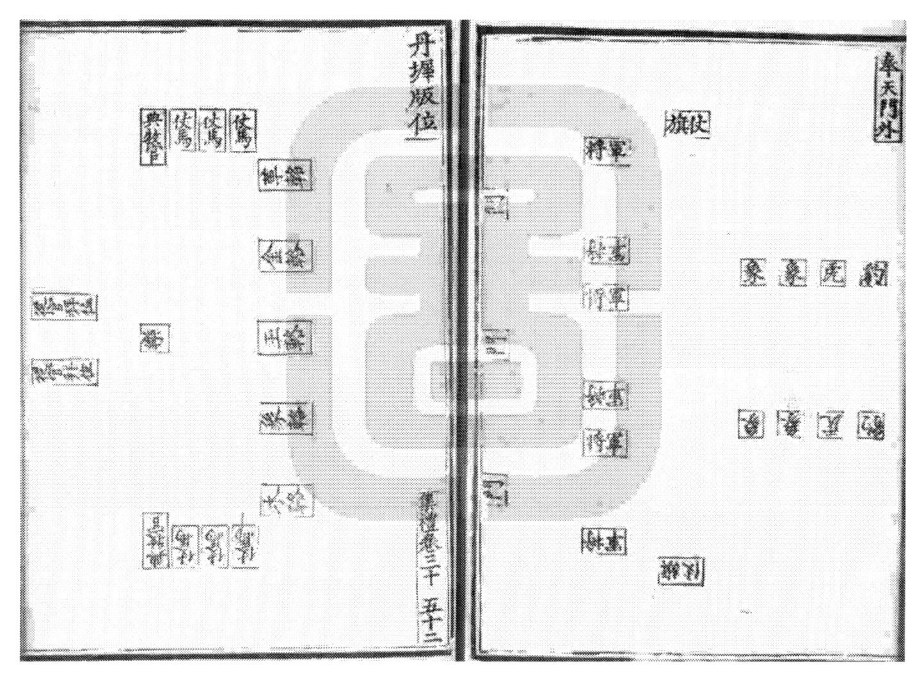

故此，明初朝會、冊拜等重要典禮使用的「鹵簿」均會使用到虎、豹、象等猛獸。洪武初年「蕃王朝見」的陳設為了突顯於蕃王的重視也參照朝會「鹵簿」規格，陳設象、虎、豹。而《大明集禮・儀仗》提到：

> 《晉・輿服志》云：武帝太康中，南越獻馴象，詔作大車駕之，以載黃門鼓吹數十人，使越人騎之。正旦大會駕象入庭。唐開元中，畜巨象於閑廐，供陳設儀仗。宋制鹵簿，象六中道分左右，並木蓮花坐……駕出則先導。朝會則充庭。[31]

可見朝會鹵簿使用馴象有悠久的歷史淵源，而誠如《大明集禮》提到「又范至能志書云，象出交趾山谷間」，值得思考的是，朝會、鹵簿等禮儀

---

31 《大明集禮》，卷43，〈儀仗〉，頁2-3。

所使用的馴象又是從何而來？參照《唐會要》提到：

> 大曆十四年五月詔，鷹隼豹貀獵犬，皆放之。時以永徽已來，文單國累貢馴象三十有二，皆豢於禁中。有善舞者，以備元會充庭之飾。因是與鷹隼之類同放之。[32]

由此可見，「象出交趾山谷間」非中土所產，用於鹵簿、朝會的馴象也可能是從朝貢而來。自唐高宗（李治，628-683，在位649-683）以後，作為貢品的「馴象」已畜養於宮廷之中，適時作為朝會之用。而至宋代則更清楚地將馴象劃為大駕鹵簿的一部分，《宋史・儀衛三・大駕鹵簿》正提到「大駕鹵簿。象六，中道，分左右」[33]，而其後的政和大駕鹵簿、紹興鹵簿亦沿用「象六」作為鹵簿，[34]元代的崇天鹵簿也繼承以「象六」作為鹵簿，參《元史》載：

> 頓遞隊：象六，飾以金裝蓮座，香寶鞍韂秋轡罽勒，犛牛尾拂，跋塵，鉸具。導者六人，馭者南越軍六人，皆弓花角唐帽，皆弓花角唐帽，緋絁銷金樸衫，鍍金束帶，烏鞾，橫列而前行。次駝鼓九，飾以鍍金鉸具，轡飾罽籠旗鼓纓槍。馭者九人，服同馭象者，中道相次而行。[35]

值得注意的是，元代崇天鹵簿頓遞隊的「象六」是「馭者南越軍六人」，加上前述晉太康南越獻馴象，也是「使越人騎之」。可見，由於「象出

32 〔宋〕王溥：《唐會要》（上海市：商務印書館，1935年），卷78，〈諸使中・五坊宮苑使〉，頁1421。

33 〔元〕脫脫：《宋史》（北京市：中華書局，1985年），卷145，〈儀衛三・大駕鹵簿〉，頁3408。

34 《宋史》，卷146、147，〈儀衛四・政和大駕鹵簿並宣和增減小駕附〉、〈儀衛五・紹興鹵簿〉，頁3423、3439。

35 《元史》，卷79，〈輿服二・崇天鹵簿〉，頁1975。

交趾山谷間」迥異於中土物產，致使其駕馭仰賴越人。洪武中林瞎部《義象行》提到「有象有象來天都，大江欲渡心次且。誘之既渡獻天子，拜跪不與眾象俱。象奴勸之拜，怒鼻觸象奴。賜酒不肯飲，哺之亦不餔……」，[36]雖然這與《義象歌》都是藉馴象反映明初不願仕新朝的心態，[37]但亦反映了太祖開國雖繼承宋元以馴象為鹵簿，唯洪武建基江左，有別於元大都，致使新朝建立馴象鹵簿有一定的困難。

馴象於明初鹵簿儀仗的建置更顯得攸關重要，作為貢物的馴象，以至能夠處理馴象的人員也受到重視。蓋因太祖開基江左，正缺乏馴象及相關人員。故此，與馴象同樣是來自東南亞的爪哇人徐慶、暹羅人三英、交趾人真忠，因而被調往錦衣衛負責養象。再者，錦衣衛成立之初僅有「御椅、扇手、擎蓋、旛幢、斧鉞鸞、輿馴馬七司」，所以徐慶、三英是先在錦衣衛中右所養象。直至洪武二十六年《諸司職掌》才提到：

> 凡進馬騾到於會同館，即令典牧所差醫獸辨驗兒騍騸及毛色、齒歲明白，備寫手本交收，及令本館放支草料餵養，仍撥人夫管領。至期進內府，行列於丹墀東伺候，御前牽過，同手本交付御馬監官收領。凡進象駝到於會同館，令本館餵飼。次日早進內府，御前奏進，如候聖節、正旦、冬至陳設，進收日遠先行奏聞，象送馴象所，駝送御馬監收養至期。[38]

換言之，三英、徐慶早在錦衣衛成立之初就負責養象，而交趾人真忠更為「管象總旗」。可見，三英、徐慶、真忠等暹羅、爪哇、交趾的東南亞外國歸附人對於錦衣衛馴象所乃至於明初鹵簿儀仗的建立，有著無可取代的貢獻。

---

36 〔明〕陸粲：《庚已編》（北京市：中華書局，2007年），卷10，〈義象行〉，頁118-119。

37 蕭啟慶：《元代的族群文化與科舉》（臺北市：聯經出版公司，2008年），頁246。

38 《諸司職掌》，頁708-709。

三 結語

最後值得一提的是，這些來自外國的歸附人，不僅由於他們東南亞文化背景而裨益於明初錦衣衛馴象所乃至鹵簿儀仗的建立，而且更因其來自異域的背景也如同前述「山後人」般有功於聘問。爪哇人徐慶在洪武三十五年（1402）當成祖派即位詔諭安南、暹羅、爪哇、琉球、日本、西洋、蘇門答剌、占城諸國時，[39]即作為通事隨按察副使聞良輔、行人寧善使團出使爪哇。[40]至於交趾人真忠除了同年的「往暹羅國功」外，其選簿也提到：

> 永樂元年除本衛所世襲實授百戶，本年往西洋公幹。三年除本衛世襲副千戶，本年阿魯洋殺獲賊船功。五年陞本衛世襲正千戶。十年往西洋公幹。十三年陞本衛流官指揮僉事。[41]

真忠於永樂時期更先後三次「西洋公幹」。至於番國人金沙班雖然未悉其來歷，但亦於永樂十三年（1415）作為下西洋通事，永樂十八年（1420）又因「西洋下公幹」而陞流官副千戶。[42]而同樣來歷不明的古里國人沙班，最少據其五輩沙孝祖的選條可知曾「宣德五年西洋公幹」。[43]當然這些外國人並非鄭和下西洋船隊的全部，[44]但他們來自異域的背景也確實裨益於此。

明代的衛所不僅有羈縻衛所與西南土司可管理異族，其自身也透過「山後人」、「達官」等軍籍登記收容著不同文化、族群背景的歸附軍士，而且當中更不乏高麗、安南、暹羅、爪哇、西洋古里國遠渡而來的外國人。所以衛所不單純是軍事制度，更是一種戶籍體系收容著不同文化背景與族群，正呈

39 《明太宗實錄》，卷12上，洪武三十五年九月丁亥條，頁205。

40 《明太宗實錄》，卷22，永樂元年八月癸丑條，頁408。

41 《中國明朝檔案總匯》，第73冊，頁28。

42 《中國明朝檔案總匯》，第74冊，頁322-323。

43 《中國明朝檔案總匯》，第73冊，頁50-51。

44 范金民：〈《衛所武職選簿》所反映的鄭和下西洋史事〉，《明代研究》第13期（2009年12月），頁33-80。

現出明朝多元文化的一面，這一點正有助於我們重新瞭解明初是否如過往強調的華夷之辨。

徵引書目

一　傳統文獻

〔宋〕王溥　《唐會要》　上海市　商務印書館　1935年

〔宋〕薛居正　《舊五代史》　北京市　中華書局　1976年

〔元〕脫脫　《宋史》　北京市　中華書局　1985年

〔元〕脫脫　《遼史》　北京市　中華書局　1974年

〔元〕劉佶　《北巡私記》　《羅雪堂先生全集》　臺北市　文華書局　1968-1976年

〔明〕王樵箋　〔明〕王肯堂集釋　《大明律附例》　東京大學東洋文化研究所藏萬曆四十年（1612）刊本

〔明〕申時行等修　《（萬曆）大明會典》　《續修四庫全書》史部政書類第789-792冊　上海市　上海古籍出版社據明萬曆內府刻本影印　1995年

〔明〕呂維祺等輯　《四譯館增定館則》　《續修四庫全書》史部職官類第749冊　上海市　上海古籍出版據華東師範大學圖書館藏民國三十七年（1948）玄覽堂叢書三集影印明崇禎刻清康熙十二年（1673）袁懋德補刻增修後印本影印　1995年

〔明〕宋濂等纂　《元史》　北京市　中華書局　1976年

〔明〕李東陽等纂　《（正德）大明會典》　東京　汲古書院　1989年

〔明〕明太祖敕錄　王天有、張何清點校　《逆臣錄》　北京市　北京大學出版社　1991年

〔明〕夏原吉等纂 《明太祖實錄》 臺北市 中央研究院歷史語言研究所校印本 1962年

〔明〕孫聯泉編纂 《軍政條例續集：五卷》 《天一閣藏明代政書珍本叢刊》第15-16冊 北京市 線裝書局據明嘉靖三十一年（1552）江西臬司刻本影印 2010年

〔明〕徐一夔 《大明集禮》 中國國家圖書館藏明嘉靖九年（1530）內府刻本

〔明〕徐學聚 《國朝典彙》 《四庫全書存目叢書》史部政書類第264-266冊 臺南縣柳營鄉 莊嚴文化事業公司據中國科學院圖書館藏明天啟四年（1624）徐與參刻本影印 1996年

〔明〕張本、王驥議定 《軍政條例》 《中國珍稀法律典籍集成》乙編第2冊 北京市 科學出版社以北京圖書館藏明嘉靖年間南直隸鎮江府丹徒縣官刊皇明制書為底本影印 1994年

〔明〕陳子龍編 《皇明經世文編》 北京市 中華書局 1962年

〔明〕陳文等纂 《明英宗實錄》 臺北市 中央研究院歷史語言研究所校印本 1966年

〔明〕陸 粲 《庚巳編》 北京市 中華書局 2007年

〔明〕焦 竑 《皇明人物考》 《明代傳記叢刊》第115冊 臺北市 明文書局 1991年

〔明〕費宏等纂 《明武宗實錄》 臺北市 中央研究院歷史語言研究所校印本 1966年

〔明〕楊士奇等纂 《明太宗實錄》 臺北市 中央研究院歷史語言研究所校印本 1966年

〔明〕楊士奇等纂 《明宣宗實錄》 臺北市 中央研究院歷史語言研究所校印本 1966年

〔明〕劉吉等纂　《明憲宗實錄》　臺北市　中央研究院歷史語言研究所校印本　1966年

〔明〕劉健等纂　《明孝宗實錄》　臺北市　中央研究院歷史語言研究所校印本　1966年

〔明〕鄭　曉　《吾學編》　《續修四庫全書》史部雜史類第424-425冊　上海市　上海古籍出版社據北京圖書館藏明隆慶元年（1567）鄭履淳刻本影印　1995年

〔明〕譚綸等撰　《軍政條例：七卷》　日本內閣文庫藏明萬曆刊本

〔清〕屈大均　《皇明四朝成仁錄》　《四庫禁燬書叢刊》史部第50冊　北京市　北京出版社據民國商務印書館長沙影印排印廣東叢書本影印　2000年

〔清〕張廷玉等纂　《明史》　北京市　中華書局　1974年

《大明令》，載懷效鋒點校　《大明律》　北京市　法律出版社　1999年

《明功臣襲封底簿》　《明代傳記叢刊》第55冊　臺北市　明文書局　1991年

《軍政條例類考：六卷》　《續修四庫全書》第852冊　上海市　上海古籍出版社據北京圖書館藏明嘉靖三十一年（1552）刻本影印　1995年

《諸司職掌》　《續修四庫全書》史部職官類第748冊　上海市　上海古籍出版社據北京圖書館藏明刻本影印　1995年

中國第一歷史檔案館、遼寧省檔案館編　《中國明朝檔案總匯》　桂林市　廣西師範大學出版社　1999年

王崇武校注　《明本紀校注》　香港　龍門書店　1967年

二　近人研究

1 專著

Charles Hucker, ed., *Chinese Government in Ming Times: Seven Studies* (New York: Columbia University Press, 1969)

David M. Robinson, *In the Shadow of the Mongol Empire: Ming China and Eurasia* (Cambridge: Cambridge University Press, 2020)

David M. Robinson, *Ming China and its Allies* (Cambridge: Cambridge University Press, 2020)

Edward L. Dreyer, *Early Ming China: a Political History, 1355-1435* (Stanford, Calif.: Stanford University Press, 1982)

Edward L. Farmer, *Early Ming Government: the Evolution of Dual Capitals* (Cambridge, Mass.: East Asian Research Center, Harvard University, 1976)

Edward L. Farmer, *Zhu Yuanzhang and Early Ming Legislation: the Reordering of Chinese Society Following the Era of Mongol Rule* (Leiden: New York: E.J. Brill, 1995)

Henry Serruys, *Sino-Mongol Relations During the Ming. III. Trade Relations: the Horse Fairs (1400-1600)* (Bruxelles: L'Institut belge des hautes études Chinoises, 1975)

Henry Serruys, *The Mongols in China During the Hung-wu period (1368-1398)* (Bruxelles: L'Institut Belge des Hautes Etudes Chinoises, 1959)

Hsiao Ch'i-ch'ing, *The Military Establishment of the Yuan dynasty* (Cambridge, Mass.: Council on East Asian Studies, Harvard University: distributed by Harvard University Press, 1978)

John W. Dardess, *Ming China, 1368-1644: a Concise History of a Resilient Empire* (Lanham, Md.: Rowman & Littlefield, 2012)

Sarah Schneewind ed. *Long Live the Emperor!: Uses of the Ming founder across Six Centuries of East Asian History* (Minneapolis: Society for Ming Studies, 2008)

于志嘉　《明代軍戶世襲制度》　臺北市　臺灣學生書局　1987年

于志嘉　《衛所、軍戶與軍役：以明清江西地區為中心的研究》　北京市　北京大學出版社　2010年

川越泰博　《明代建文朝史の研究》　東京　汲古書院　1999年

朱鴻林編　《明太祖的治國理念及其實踐》　香港　中文大學出版社　2010年

何冠彪　《元明間中國境內蒙古人之農業概況》　香港　學津出版社　1977年

吳　晗　《朱元璋傳》　香港　中華書局　2010年

李新峰　《明前期軍事制度研究》　北京市　北京大學出版社　2016年

奇文瑛　《明代衛所歸附人研究——以遼東和京畿地區衛所達官為中心》　北京市　中央民族大學出版社　2011年

孟　森　《明代史》　臺北市　中華叢書委員會　1958年

徐　泓　《二十世紀中國的明史研究》　臺北市　臺灣大學出版中心　2011年

張　佳　《新天下之化：明初禮俗改革研究》　上海市　復旦大學出版社　2014年

張金奎　《明代衛所軍戶研究》　北京市　線裝書局　2007年

張鴻翔　《明代各民族人士入仕中原考》　北京市　中央民族大學出版社　1999年

梁志勝　《明代衛所武官世襲制度研究》　北京市　中國社會科學出版社　2012年

陳梧桐　《朱元璋研究》　天津市　天津人民出版社　1993年

陳高華　《元史研究論稿》　北京市　中華書局　1991年

陳熙遠、邱澎生主編　《明清法律運作中的權力與文化》　臺北市　聯經出版公司　2009年

陳學霖　《明代人物與史料》　香港　中文大學出版社　2001年

蕭啟慶　《元代的族群文化與科舉》　臺北市　聯經出版公司　2008年

蕭啟慶　《內北國而外中國——蒙元史研究》　北京市　中華書局　2007年

薩囊徹辰譯著　《新譯校注〈蒙古源流〉》　呼和浩特市　內蒙古人民出版社　1981年

羅冬陽　《明太祖禮法之治研究》　北京市　高等教育出版社　1998年

2 論文篇章

David M. Robinson（魯大維）　〈司律思先生的學術遺產〉　《明史研究》，第14輯　北京市　中國明史學會　2014年　頁351-354

David M. Robinson, "The Ming Court and the Legacy of the Yuan Mongols," in David M. Robinson ed. *Culture, Courtiers, and Competition The Ming Court (1368-1644)* (Cambridge, Mass.: Harvard University Press, 2008), pp. 365-421.

David M. Robinson, "Politics, Force and Ethnicity in Ming China: Mongols and the Abortive Coup of 1461," *Harvard Journal of Asiatic Studies* Vol. 59, No. 1 (Jun., 1999), pp. 79-123.

David M. Robinson,"Controlling Memory and Movement: The Early Ming Court and the Changing Chinggisid World," *Journal of the Economic and Social History of the Orient*, Vol.62 Issue 2-3 (Mar.2019), pp.503-524.

Eiren L. Shea, "The Mongol Cultural Legacy in East and Central Asia: The Early Ming and Timurid Courts," *Ming Studies*, Issue 78 (Sept.2018), pp. 32-56.

Graeme Ford, "The Uses of Persian in Imperial China: The Translation Practices of the Great Ming," in Nile Green ed. *The Persianate World: The Frontiers of a Eurasian Lingua Franca* (Berkeley: University of California Press, 2019), pp. 113-129.

Henry Serruys, "The Mongols in China, 1400-1500," *Monumenta Serica*, Vol.27 (1968), pp. 233-305.

Henry Serruys, "Mongols Ennobled during the Early Ming", *Harvard Journal of Asiatic Studies*, Vol.22 (Dec., 1959) pp. 209-260.

Henry Serruys, "Foreigners in the Metropolitan Police during the 15th Century", *Oriens Extremus*, Vol.8 No.1 (Aug., 1961), pp. 59-83.

Henry Serruys 著，王苗苗節譯　〈《洪武時期在中國的蒙古人》節譯〉　《中國邊疆民族研究》第3輯　北京市　中央民族大學出版社　2010年　頁359-365

Ildikó Ecsedy, "Henry Serruys (July 10, 1911-August 16, 1983)," *Acta Orientalia Academiae Scientiarum Hungaricae*, Vol. 38, No. 1/2 (1984), pp. 215- 216.

Romeyn Taylor, "Yuan Origins of the Wei-so System," in Charles Hucker, ed., *Chinese Government in Ming Times: Seven Studies* (New York: Columbia University Press 1969), pp. 23-40.

于志嘉　〈明代軍戶中的家人、義男〉　《中央研究院歷史語言研究所集刊》第83本第3分（2012年9月）　頁507-570

于志嘉　〈明代軍戶家族的戶與役：以水澄劉氏為例〉　《中央研究院歷史語言研究所集刊》第89本第3分（2018年9月）　頁541-604

于志嘉　〈明北京行都督府考〉　《中央研究院歷史語言研究所集刊》第79本4分（2008年12月）　頁683-747
于志嘉　〈明武職選簿與衛所武官制的研究——記中研院史語所藏明代武職選簿殘本兼評川越泰博的選簿研究〉　《中央研究院歷史語言研究所集刊》第69本第1分（1998年3月）　頁45-74
于志嘉　〈試論明代衛軍原籍與衛所分配的關係〉　《中央研究院歷史語言研究所集刊》第60本第2分（1989年6月）　頁367-450
川越泰博　〈爪哇人徐慶とその子孫: 明朝档案研究の一齣〉　《中央大學文學部紀要》第251號（2014年3月）　頁101-121
王英華　〈明代官俸制淺析〉　《史學集刊》2000年第5期　頁82-89
王　雄　〈明洪武時對蒙古人眾的招撫和安置〉　《內蒙古大學學報（哲學社會科學版）》1987年第4期　頁71-84
王競成、周松　〈明代歸附人研究述評〉　《西北民族大學學報（哲學社會科學版）》2018年第3期　頁121-123
申萬里　〈元代應昌古城新探〉　《內蒙古大學學報（人文社會科學版）》2006年第5期　頁29-33
杜洪濤　〈「再造華夏」——明初的傳統重塑與族群認同〉　《歷史人類學刊》第12卷第1期（2014年4月）　頁1-30
杜洪濤　〈靖難之役與兀良哈南遷〉　《內蒙古社會科學（漢文版）》2017年第4期　頁96-101
周　松　〈入明蒙古人政治角色的轉換與融合——以明代蒙古世爵吳允誠（把都帖木兒為例〉　《北方民族大學學報（哲學社會科學版）》2009年第1期　頁27-32
周　松　〈明代內附阿魯臺族人辨析〉　《西北民族大學學報（哲學社會科學版）》2011年第5期　頁74-82
周　松　〈明代南京的回回人武官——基於《南京錦衣衛選簿》的研究〉　《中國社會經濟史研究》2010年第3期　頁12-22

周　松　〈明代達官民族身分的保持與變異——以武職回回人昌英與武職蒙古人昌英兩家族為例〉　《西北民族大學學報（哲學社會科學版）》2012年第3期　頁63-67

周　松　〈明朝北直隸「達官軍」的土地占有及其影響〉　《中國經濟史研究》2011年第4期　頁76-84

周　松　〈明朝對近畿達官軍的管理——以北直隸定州、河間、保定諸衛為例〉　《寧夏社會科學》2011年第3期　頁81-92

奇文瑛　〈明洪武時期內遷蒙古人辨析〉　《中國邊疆史地研究》2004年第2期　頁59-65

奇文瑛　〈碑銘所見明代達官婚姻關係〉　《中國史研究》2011年第3期　頁167-181

奇文瑛　〈論《三萬衛選簿》中的軍籍女真〉　《學習與探索》2007年第5期　頁205-210

奇文瑛　〈論明初衛所制度下歸附人的安置與任用〉　《民族研究》2012年第6期　頁64-74

奇文瑛　〈論明朝內遷女真安置政策——以安樂、自在州為例〉　《中央民族大學學報》2002年第2期　頁51-56。

邱澎生　〈有資用世或福祚子孫——晚明有關法律知識的兩種價值觀〉《清華法學》2006年第3期　頁141-174。

邸富生　〈試論明朝初期居住在內地的蒙古人〉　《民族研究》1996年第3期　頁70-77

洪金富　〈元代漢軍軍戶的正貼結構與正貼關係〉　《中央研究院歷史語言研究所集刊》第80本第2分（2009年6月）　頁265-289

洪金富　〈四十萬蒙古說論證稿〉　收入蕭啟慶主編《蒙元的歷史與文化：蒙元史學術研討會論文集》上冊　臺北市　臺灣學生書局2001年　頁245-305

胡小鵬　〈察合臺系蒙古諸王集團與明初關西諸衛的成立〉　《蘭州大學學報（社會科學版）》2005年第5期　頁85-91

范金民　〈《衛所武職選簿》所反映的鄭和下西洋史事〉　《明代研究》第13期（2009年12月）　頁33-80

徐　泓　〈明北京行部考〉　《漢學研究》第2卷第2期（1984年12月）　頁569-598

馬　光　〈明初山東倭寇與沿海衛所建置時間考——以樂安、雄崖、靈山、鰲山諸衛所為例〉　《學術研究》2018年第4期　頁124-132

高紅梅　〈明朝洪武時期對蒙古人的招撫政策〉　《北方民族大學學報（哲學社會科學版）》2015年第6期　頁133-136

商　傳　〈「靖難之役」前的燕王朱棣〉　《學習與思考》1979年　頁74-80

張金奎　〈錦衣衛形成過程述論〉　《史學集刊》2018年第5期　頁4-17

張鴻翔　〈明外族賜姓考〉　《輔仁學誌》第3卷第2期（1932）　頁108-145

張鴻翔　〈明外族賜姓續考〉　《輔仁學誌》第4卷第2期（1934）　頁1-84。

曹國慶　〈試論明代的清軍制度〉　《史學集刊》1994年第3期　頁9-16

李龍潛　〈明代軍戶制度淺論〉　《北京師範學院學報（社會科學版）》1982年第1期　頁46-56

梁志勝　〈明代「武選司審稿」初探〉　《陝西師範大學學報（哲學社會科學版）》2004年第3期　頁92-96

郭嘉輝　〈明代「山後人」初探〉　發表於中國明史學會於2013年8月19-21日主辦的「第十五屆明史國際學術研討會」

郭嘉輝　〈明代衛所中的少數民族研究──論「山後人」〉　《中國史研究》（韓國大邱：中國史學會）第84輯（2013年6月）　頁141-170

彭　勇　〈明代「達官」在內地衛所的分布及其社會生活〉　《內蒙古社會科學（漢文版）》2003年第1期　頁15-19

彭建英　〈明代羈縻衛所制述論〉　《中國邊疆史地研究》第14卷第3期（2004年9月）頁24-36

楊虎得、柏樺　〈明代宣慰與宣撫司〉　《西南大學學報（社會科學版）》2016年第2期　頁173-180

萬　依　〈論朱棣營建北京宮殿、遷都的主要動機及後果〉　《故宮博物院院刊》1990年第3期　頁31-36

劉景純　〈明朝前期安置蒙古等部歸附人的時空變化〉　《陝西師範大學學報（哲學社會科學版）》2012年第2期　頁77-85

潘　清　〈元代江南蒙古、色目僑寓人戶的基本類型〉　《南京大學學報（哲學・人文科學・社會科學版）》2000年第3期　頁128-135

蕭啟慶　〈元明之際士人的多元政治抉擇──以各族進士為中心〉　《臺大歷史學報》第32期（2003年12月）　頁77-138

羅　瑋　〈漢世胡風：明代社會中的蒙元服飾遺存初探──以「圖文互證」方法與社會史視野下的考察為中心〉　《興大歷史學報》第22期（2010年2月）　頁21-56

寶日吉根　〈試述明朝對所轄境內蒙古人的政策〉　《內蒙古社會科學》1984年第6期　頁66-69

顧　誠　〈明帝國的疆土管理體制〉　《歷史研究》1989年第3期　頁135-150

顧　誠　〈談明代的衛籍〉　《北京師範大學學報》1989年第5期　頁56-65

3 學位論文

Johannes Sebastian Lotze, *Translation of Empire: Mongol Legacy, Language Policy, and the Early Ming World Order, 1368-1453* (Manchester, UK: The University of Manchester Doctoral Thesis, 2017)

卜凱悅　《明代河西達官吳允誠家族研究》　銀川市　寧夏大學碩士論文　2017年

大學叢書・香港浸會大學近代史研究中心專刊　1704003

明代衛所的歸附軍政研究——以「山後人」為例

著　　者　郭嘉輝
責任編輯　呂玉姍
特約校對　林秋芬

發 行 人　林慶彰
總 經 理　梁錦興
總 編 輯　張晏瑞
編 輯 所　萬卷樓圖書股份有限公司
臺北市羅斯福路二段 41 號 6 樓之 3
電話 (02)23216565
傳真 (02)23218698

發　　行　萬卷樓圖書股份有限公司
臺北市羅斯福路二段 41 號 6 樓之 3
電話 (02)23216565
傳真 (02)23218698
電郵 SERVICE@WANJUAN.COM.TW
香港經銷　香港聯合書刊物流有限公司
電話 (852)21502100
傳真 (852)23560735

ISBN 978-986-478-357-1
2020 年 10 月初版二刷
2020 年 7 月初版
定價：新臺幣 260 元

如何購買本書：
1. 劃撥購書，請透過以下郵政劃撥帳號：
帳號：15624015
戶名：萬卷樓圖書股份有限公司
2. 轉帳購書，請透過以下帳戶
合作金庫銀行　古亭分行
戶名：萬卷樓圖書股份有限公司
帳號：0877717092596
3. 網路購書，請透過萬卷樓網站
網址 WWW.WANJUAN.COM.TW
大量購書，請直接聯繫我們，將有專人為您服務。客服：(02)23216565 分機 610
如有缺頁、破損或裝訂錯誤，請寄回更換

國家圖書館出版品預行編目資料

明代衛所的歸附軍政研究——以「山後人」為例 / 郭嘉輝著. -- 初版. -- 臺北市 : 萬卷樓, 2020.07
面 ;　公分. -- (大學叢書. 香港浸會大學近代史研究中心專刊 ; 1704003)
ISBN 978-986-478-357-1(平裝)

1.軍事行政 2.明代

591.216　109004588